左耳	右耳
×	○
⊐	△
↙	↰
>	<
]	[
⟨↓	⟨↓
↓	↓
S	S

实用听力学检查技术手册

实用纯音测听检查技术手册

主编｜刘　博

编者（按姓氏拼音排序）

白　忠（昆明医科大学第二附属医院）

刘　博（首都医科大学附属北京同仁医院）

刘　辉（首都医科大学附属北京同仁医院）

卢　伟（郑州大学第一附属医院）

亓贝尔（首都医科大学附属北京同仁医院）

秘书　亓贝尔（首都医科大学附属北京同仁医院）

绘图　赵安琪（首都医科大学）

　　　　张华宋（中山大学孙逸仙纪念医院）

人民卫生出版社

图书在版编目（CIP）数据

实用纯音测听检查技术手册 / 刘博主编. —北京：人民卫生出版社，2018

ISBN 978-7-117-26650-5

Ⅰ.①实… Ⅱ.①刘… Ⅲ.①听力测定 – 技术手册 Ⅳ.① Q437–62

中国版本图书馆 CIP 数据核字（2018）第 086923 号

人卫智网	**www.ipmph.com**	医学教育、学术、考试、健康，
		购书智慧智能综合服务平台
人卫官网	**www.pmph.com**	人卫官方资讯发布平台

实用纯音测听检查技术手册

主　　编：刘　博
出版发行：人民卫生出版社（中继线 010–59780011）
地　　址：北京市朝阳区潘家园南里 19 号
邮　　编：100021
E - mail：pmph @ pmph.com
购书热线：010–59787592　010–59787584　010–65264830
印　　刷：北京盛通印刷股份有限公司
经　　销：新华书店
开　　本：889 × 1194　1/32　印张：3.5
字　　数：87 千字
版　　次：2018 年 5 月第 1 版　2024 年 1 月第 1 版第 4 次印刷
标准书号：ISBN 978-7-117-26650-5/R · 26651
定　　价：46.00 元

打击盗版举报电话：010-59787491　E-mail: WQ @ pmph.com
（凡属印装质量问题请与本社市场营销中心联系退换）

刘博，主任医师，教授，博士研究生导师
中央保健委员会中央保健会诊专家
现任北京市耳鼻咽喉科研究所副所长，首都医科大学附属北京同仁医院耳鼻咽喉科教研室主任和耳鼻咽喉头颈外科中心行政部主任

毕业于首都医科大学。曾作为国家首批临床听力学项目的选派师资赴澳大利亚 Macquire 大学学习临床听力学，在澳大利亚 Bionic Ear 研究所、奥地利 Innsbruck 大学、美国 Ohio 大学进行短期进修和学习人工耳蜗技术等。

擅长眩晕和耳聋耳鸣等内耳疾病的临床诊疗及相关研究工作。曾率先在国内报道大前庭水管综合征并对其进行了长期随访，发现其病程规律及诊疗方向，获得良好的临床效果；是最早开始在国内进行耳声发射应用基础研究并推向临床应用的专家之一。近年来带领团队在人工耳蜗植入者声调特征和音乐感知等领域进行了系统的研究工作，为汉语编码策略的优化提供了理论支撑。

兼任国家卫生健康委员会全国防聋治聋技术指导组办公室主任，北京住院医师规范化培训耳鼻喉科专家委员会主任委员，中国医疗保健国际交流促进会听力学分会主任委员，中国医药教育协会眩晕专业委员会副主任委员，中国卒中学会卒中与眩晕分会副主任委员等十数项兼职，是中华耳鼻咽喉头颈外科杂志等五本杂志的编委。

先后主持国家自然科学基金，"863"课题，"十五"、"十一五"、"十二五"等国家科技支撑计划课题，北京市优秀人才基金，首都医学发展基金（重点项目），首都十大危险疾病科技成果推广项目等课题。获得国家科学技术进步二等奖，北京市科学技术进步一等奖、二等奖、三等奖等奖励。以第一作者和通讯作者发表专业论文 140 余篇，主编、副主编、参编著作 25 部。

纯音是最简单的声音，但纯音测听检查技术并不简单。

从 16 世纪人们发现置于门齿上的音叉振动可以被人耳听到，到现在敏感的耳声发射技术为新生儿听力筛查提供了可能，在这几百年间，围绕着听觉感知功能的评价，人们进行着不懈的努力和探索。截至目前，不断涌现的听觉功能评价方法、评价内容非常丰富，但是在高新技术面前我们一定不能忽视最基本的听觉功能评价手段——纯音测听技术，因为这是基础中的基础。

纯音测听是听力学检查中最基本的测试，也是最重要的测试。纯音测听是一种心理物理学检查方法，是指在安静环境下，特定频率的纯音声信号能引起测试耳产生反应的最小声音强度（即纯音听阈）的检查方法。纯音测听是临床听觉功能评价、疾病诊断与治疗以及制订听觉功能康复方案的依据。因此，一名合格的测试人员，应该习惯于站在听力诊断的角度去审视所测得的纯音听阈结果是否可靠。换句话说，就是这条纯音听阈曲线能否向临床医师提供有效的诊断信息和方向、提供准确的听力损失程度和听力损失性质。因此，若想得到可靠的纯音测听结果，绝不仅仅是控制给声的频率、强度和给声时几个简单按键的操作，能熟练操作听力计只是基本条件，这对于一名合格的测试人员是远远不够的。

在获取纯音听阈的整个过程中，从接触受试者到完成报告单填写，需要注意的细节有数十处之多。其中任何一个环节处理不当，都可能使测试结果五花八门、错误百出，致使测试结果失去可靠性。因此，掌握好纯音测听的相关理论知识，不仅可以使测试人员理解听力诊断的意义，还能更好地理解为什么在测试过程中要注意那么多细节。如果测试人员在整个检查过程中能始终保持主导位置，则不仅能引导受试者完成测试、得到准确可靠的临床结果，还能提升测试者本人的工作能力、掌控测试过程，特别是对于较复杂的测试状况，此种能力尤为重要。

因此，一名合格的测试人员应该是在精准掌握理论的前提下，经过规范化的培训和临床实践可以有效地减少操作误差，新手可以更快入门，熟练人士可以避免出现经验性的错误。对于临床医师而言，掌握纯音测听技术的内涵、掌握纯音测听的国际通用标准和标记符号、理解纯音测听过程的复杂性和规范操作流程的临床意义也具有极其重要的价值。

为了使听力检测人员能够系统地掌握纯音测听基本理论和相关知识，掌握规范操作的技术要点、流程以及质控因素；同时也为了临床医师夯实听力及眩晕疾病诊断能力，并规范其流程。编写者从方便实用的角度出发，出版一册随时可供查阅的实用纯音测听检查技术手册，以期为临床纯音测听的规范化发展提供有益的帮助，成为临床医师和听力学工作者的"掌中宝"、"案头书"。

刘博

2017 年岁末　于北京

目录 Contents

概论

听力学（audiology）是一门研究在正常和不正常状态下听觉功能的科学，从专业的角度分析在病理条件下听觉功能的改变特点以及应采取的应对措施和具体方法。听力学是在第二次世界大战以后从实际需求中发展起来的一门相对年轻学科，同时也是一个多学科的综合产物。因此，听力学所涵盖的范畴不但与临床医学关系密切，而且还涉及生理学、病理学、心理学、声学、电学、教育学等多个学科的知识体系和内容，属于交叉的边缘学科范畴。

临床听力学和临床听力学检查的概念

人类是如何感知声音的？各种声音刺激后如何引起生理和心理上的系列反应？在生理和病理状态下这些反应有什么样的变化？在听觉功能受到损伤后如何比较快速、比较准确地检测到听觉功能状态的变化？以及应该采取何种措施来弥补等。上述问题都属于临床听力学研究的范畴。

一、临床听力学的概念

听力学与耳科学、儿科学和神经科学关系很密切，可分为基础和临床两部分，即实验听力学和临床听力学。随着电声和计算机等技术的快速发展、对基础医学认识的不断提高而逐渐发展完善，临床听力学组成了听力学的主要内容，近年来又有发展为听力医学（audiological medicine）的需求。

临床听力学作为一门独立的学科在发达国家已有半个多世纪的历史，是听力学密切结合临床的部分，主要内容为听觉功能损伤后的诊断和处理，也包含听力损伤的预防。临床听力学又分为诊断听力学（diagnostic audiology）和康复听力学（rehabilitation audiology）。本书所涉及的内容仅是诊断听力学中最基础的、也是最重要的临床常用技术——纯音测听以及相关的知识体系。

其实，听力学最初是起源于听力检测技术的，属于耳科临床工作范畴。早在 16 世纪就有人发现将振动的音叉置于门齿上人耳可以感觉到声音，因此提出了骨可以传声的理论，17 世纪初骨导检查技术开始用于临床听力检查。在此基础上，Weber 在 1834 年提出骨导偏侧试验（即韦伯试验），以后 Rinne 提出骨导 / 气导对比试验（即林纳试验）。至此，临床工作中不仅具备了用于判断听力损失的方法，也出现了可以鉴别听力损失性质的技术，在明确传导性听力损失还是感音性听力损失的鉴别中获得进展。此后，随着工业革命的快速发展，由于各种机械以及武器的强噪声对听力造成的损害日趋严重，对听力损失的诊断和康复提出了更为迫切的需求，也因此更促进了临床听力学检测技术的发展，对听力损伤的防治和康复也提出了更高的要求。

二、临床听力学检查的范围

随着相关技术的进步，截至目前临床听力学检查内容大致分为以下几类：

1. 音叉试验和纯音听阈测试　音叉试验是最早采用的、相对科学的听力检查法，从简单的骨导试验到骨 - 气导对比再到用连续频率音叉检查高、低频听力损失，这项技术沿用近 4 个世纪，至今仍不失为简单有效的、初步的听力检查方法。

不过定量评价听力损失则需要使用标化的听力计进行检查。纯音听力计诞生于 20 世纪初，以后随着电声技术的进展逐步完善，检测方法也逐渐规范。在纯音听阈测试的检查基础上又发展了标化的言语测听技术，这些技术的发展对了解听觉中枢的功能状态又增添了新的检测手段。

此外，正常婴儿在生后就可对比较大的声音出现行为反应，因此可利用不同年龄的发育特点，设计相应的听觉行为测试方法。儿童行为测听主要包括行为观察测听或应用强化训练引出的测试（包括：视觉强化测听和游戏测听）。后者是纯音测听的组成部分，多在声场条件下完成。

2. 声导抗测试　声导抗测试属于客观检测技术范畴，可用于测试中耳功能、咽鼓管功能和镫骨肌声反射功能等。目前常用其配合听觉脑干电位或诱发性耳声反射检测技术，用于新生儿和婴幼儿听力筛查，提高了听功能筛查检测的准确性。

声导抗测听与纯音测听的组合检测方式已成为临床的常规听力检测法。其结果有助于对各种耳科疾病的诊断，不但对鼓膜和中耳病变的诊断有帮助，对耳蜗和蜗后病变的鉴别诊断也有帮助，同时有助于了解咽鼓管功能和面神经病变的定位诊断等。

3. 电反应测听 电反应测听是指应用声刺激诱发出听觉系统的电反应活动的检查方法。此项技术是在 20 世纪中叶，随着电子计算机技术的不断发展得到极大推动的，是采用皮肤电极记录到听觉反应的一种电位活动。随后，耳蜗微音电位、总和电位、蜗内直流电位、耳蜗电图等不断被发现，听觉脑干诱发电位技术也逐渐应用到临床，并很快发展为耳科和神经科重要的检测手段，更是被用于耳科、神经外科和麻醉科的术中监测领域。

听觉脑干诱发电位在耳科临床使用普遍，但因其常用的刺激声频率特性等原因，在临床应用上受到一定限制，也因此临床常同时加用反映低频听力的 40Hz 听觉相关电位检测以弥补其不足。但是，随着相关技术的发展，近年先后出现了具有良好频率特性的稳态诱发电位和短纯音诱发的听觉脑干诱发电位检查，因此在很大程度上弥补了既往电反应测听检查中存在的频率特异性不足问题。今后，将随着信号分析、人工智能等新技术的发展，听觉电反应测听技术会具有更好的临床应用前景。

4. 耳声发射 耳声发射是近年听功能评价领域最具重要意义的发现，无疑是听觉功能检测领域的一次突破性进展。这项技术不仅提高并完善了耳蜗功能检测的技术和方法，还对听力损失的定位诊断和听觉传出系统功能的检测提供了新的途径。

耳声发射的检测方法简便、迅速，无任何创伤，成人和儿童均易于接受。同时也由于这项技术的发现，为新生儿普遍听力筛查提供了实现的可能，目前在世界范围内，耳声发射已成为听力筛查的常规技术手段。

第二节	实用听觉系统解剖生理概念

耳位于头颅两侧的颞骨位置。颞骨为成对骨，参与组成颅中窝和颅后窝，位于颅骨的两侧。颞骨内部容纳两种感受器（终器），一为感受声音的螺旋器，另一为感受平衡觉的椭圆囊斑、球囊斑（合称为位觉斑）和壶腹嵴。两者均属于特殊的感觉神经器官，接受听觉及平衡觉感知。因此耳具有两方面的能力：一为听的感觉，一为前庭平衡感觉，本文仅对听觉解剖和生理功能特点进行描述。

一、耳的解剖

按耳的解剖位置可分为外耳、中耳与内耳三部分。外耳和中耳具有传导声音作用，内耳除可传导声音，还含有感受器将接受到的听觉和平衡觉的信号通过相应的神经分别传入各自的中枢系统。

（一）外耳

外耳包括耳郭与外耳道。

1. **耳郭** 外形似贝壳，两侧对称，除耳垂外耳郭为弹性软骨组成。耳郭卷向外面的游离缘名耳轮，耳轮的前方有一与其约相平行的弧形隆起名对耳轮，耳轮与对耳轮之间有一狭窄而弯曲的凹沟名舟状窝，对耳轮前方深大的窝名耳甲，它被耳轮脚分为上下两部，上部名耳甲艇，下部名耳甲腔，耳甲腔通入外耳门。佩戴助听器时，耳甲艇和耳甲腔是放入耳模的部位，尤其是耳模耳甲艇部分若未嵌入其内，使声音从其四周泄露将引起助听器啸叫。

2. **外耳道** 外耳道起自耳甲腔底的外耳门，向内直至鼓膜，全长约 2.5～3.5cm，由骨和软骨部组成，略呈 S 形弯曲。软骨部约占其外 1/3, 骨部约占其内 2/3。在骨与软骨部交界处的外耳道较狭窄, 距鼓膜 3 ~ 4mm 的骨部外耳道最为狭窄, 称外耳峡部。当耳道式助听器置入此处接触到骨部时可消除堵耳效应。用耳镜检查成人鼓膜或欲看清外耳道全貌时, 须将耳郭向上后提起; 检查幼儿较成人困难, 检查外耳道和鼓膜时应将耳郭向下拉, 同时将耳屏向前牵引。

(二) 中耳

中耳包括鼓室、咽鼓管、鼓窦及乳突四部分。

1. 鼓室 为含气空腔, 分上、下、内、外、前、后六壁, 位于鼓膜与内耳外侧壁之间, 向前借咽鼓管与鼻咽部相通; 向后借鼓窦入口与鼓窦、乳突气房相通。

鼓室外壁: 由骨部及鼓膜构成。鼓膜为向内凹陷的椭圆形的半透膜, 高约 9mm, 宽约 8mm, 厚约 0.1mm, 边缘略厚, 紧张部中层周边形成纤维软骨环嵌附于鼓沟中, 称为紧张部。鼓切迹处鼓膜直接附颞鳞部, 较松弛, 称为松弛部。鼓膜外形如扬声器, 向前、外、下倾斜, 与外耳道底成 45° ~ 50° 角; 新生儿约成 35° 角。耳镜检查时鼓膜前下有三角形反光区, 称为光锥, 故鼓膜内陷时, 光锥可以消失或变形。

鼓室上壁: 即鼓室盖, 鼓室借此壁和颅中窝相隔。

鼓室下壁: 也称颈静脉壁。此壁若有缺损时, 颈静脉球的蓝色即可透过鼓膜下部隐约可见。

鼓室内壁: 也称迷路壁, 即内耳外壁。为耳蜗底周所在处, 其表面有鼓室神经丛。有椭圆形的前庭窗 (卵圆窗), 为镫骨底板及其周围的环韧带所封闭; 蜗窗 (圆窗), 由圆窗膜所封闭, 此膜也称第二鼓膜, 向内通耳蜗鼓阶的起始部。

鼓室后壁: 即乳突壁, 上宽下窄。面神经垂直部通过此壁内侧, 后壁上部有鼓窦入口 (鼓窦口), 使鼓室和鼓窦以及乳突气房相通; 后壁下内方, 有锥隆起, 镫骨肌由此发出肌腱附着于镫骨颈的后面。后壁与外壁相交处, 有鼓索小管的鼓室口, 鼓索自此管从面神经分出入鼓室。

鼓室前壁：即颈动脉壁。下部与颈内动脉相隔，上部有咽鼓管的鼓室口和鼓膜张肌半管的开口，两个半管合称肌咽鼓管。

鼓室内含听小骨、肌肉和神经。听小骨是人体中最小的一组骨，共三个，即锤骨、砧骨与镫骨，听小骨相互相关节组成听骨连，有鼓膜张肌和镫骨肌附着。面神经自膝神经节处向后到鼓室内壁，可分为两部分：鼓部（水平部）和乳突部（垂直部）。

2. 咽鼓管 是沟通鼓室与鼻咽的管道。成人全长约 35～39mm，由骨部与软骨部构成。骨部为近鼓室段，占全管长约 1/3。软骨部为近鼻咽段，占全管长的 2/3。自鼓室口向前、向内、向下达咽口，故此管与水平面约成 40°角，与矢状面约成 45°角。鼓室口约高于咽口 2～2.5cm。小儿的咽鼓管较短，峡部较宽，管腔相对得较大，近于水平，故鼻与咽部炎症易经此管侵入鼓室，易引起中耳病变。

3. 鼓窦 为鼓室向后上方延伸的含气腔，出生时即存在。

4. 乳突 乳突内的许多气房虽大小、形状各异，但均相互交通。

(三) 内耳

内耳包括耳蜗、前庭和半规管。本节只讨论与听觉关系密切的耳蜗部分。

耳蜗形似蜗牛，为中空螺旋管，盘绕 2½～2¾ 周，分为底周、中周和顶周。顶尖为蜗顶指向颈内动脉，蜗底为内耳道底的大部分。蜗底至蜗顶高 5mm，直径约 9mm，全长 30～32mm（图 1-2-1）。

蜗中心内有蜗轴呈圆锥状，蜗神经沿轴心而上，沿途分布于骨螺旋板中，骨螺旋板的边缘向外分出两个膜，前庭膜和基底膜将蜗管分为三个管腔：前庭阶、中阶（蜗管）和鼓阶（图 1-2-2）。前庭阶与前庭窗相接、中阶即膜迷路、鼓阶的起始部为蜗窗。鼓阶附近处有蜗小管（骨质）的内口，容纳膜质的耳蜗导水管，外淋巴液经此口通入蛛网膜下腔进行交换。骨螺旋板的宽度近耳蜗的底周处较宽，约占螺旋内管的 1/2，近顶处最窄，相对应的基底膜则相反。

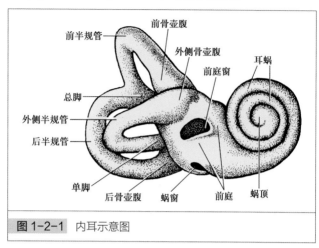

图 1-2-1　内耳示意图

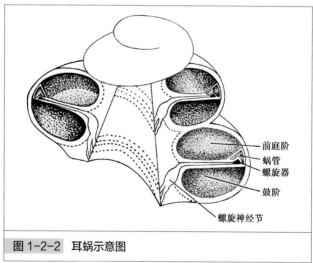

图 1-2-2　耳蜗示意图

1. 蜗管　即中阶。位于蜗螺旋管内。两端均为盲端，一端位于蜗隐窝内，称前庭盲端；另一端为顶盲端，参与蜗孔形成。管内侧缘接骨螺旋板，外缘接蜗管内壁，断面成三角状，如蜗顶向上时，分上、下、外壁。上壁是骨螺旋板上增厚的骨膜为薄膜状，称之前庭膜（又称 Reissner 膜）；外壁（蜗螺旋韧带）是由蜗螺旋板内表面的内骨膜形成，富有结缔组织和血管，上皮中分布大量毛细血管称血管纹，与内淋巴的分泌和吸收有关；下壁是由内侧的骨螺旋板和其分出的膜螺旋板共同构成，分上、下两层，之间有螺旋神经节，其为蜗神经的第一级神经元（图 1-2-3）。

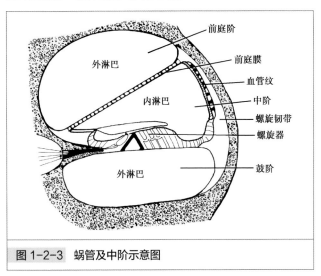

图 1-2-3　蜗管及中阶示意图

2. **螺旋器**　螺旋器又称 Corti 器，螺旋器是听觉感受器（图 1-2-4）。

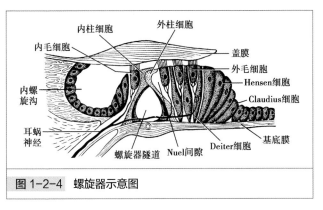

图 1-2-4　螺旋器示意图

螺旋器组成上有两个重要的组织结构，分别称为盖膜和基底膜。

盖膜为一舌状弹性膜，悬浮覆盖在内螺旋沟和螺旋器表面，其底面与螺旋器的外毛细胞的最长纤毛相接触，盖膜的活动使听细胞弯曲或移位，引起毛细胞兴奋以感受听觉。

基底膜是由两层上皮和中间的固有层组成。朝向蜗管面的上皮特殊分化为螺旋器。听弦为有韧性的胶原纤维，短听弦位于蜗底与高频声波发生共振；长听弦位于蜗顶，与低频声波发生共振。感受的声音也由高调渐过渡到低调（24 000Hz → 16Hz）。

盖膜由蜗底到蜗顶，逐渐增宽变厚。膜螺旋板即基底膜与骨螺旋板相接。其宽度随骨螺旋板的逐渐变窄而加宽，基底膜的宽度在底周最窄，在顶周最长。

（1）感觉细胞：为感受听觉的细胞，分为内毛细胞（inner hair cell）和外毛细胞（outer hair cell）。

（2）支持细胞：主要有柱细胞、指细胞和边缘细胞。细胞的基底与基底膜相接，顶部互相紧密连接位于螺旋器的游离面。

（四）位听神经

第Ⅷ对脑神经即位（置）听（觉）神经，为感觉神经，包含蜗神经和前庭神经两部分。在内耳道内合成一束，经内耳门入颅（位听神经在脑干的脑桥和延髓之间、面神经的后方分出，此时前庭神经位于内、蜗神经于外侧，在出颅处紧密相贴成为一干，在内耳门处与面神经合为一束共同进入内耳道，此时面神经在前，前庭神经在后，蜗神经在后下，在内耳道底处各自分开）。位听神经达延髓和脑桥下缘处，蜗神经与前庭神经分开进入脑干，与各自的神经核及中枢联系。

二、听觉的传导

为了掌握听觉系统解剖和生理学的相关知识，对听力学检测的结果进行分析和有助于听力损伤的定位诊断，在此将听觉系统从外周到中枢大致分为六个功能结构单元。分别是传声单元、感音单元、听神经传导单元、中枢神经传导单元、听觉中枢和听觉传出系统。其中前面的五个单元均属于听觉传入系统，第六个单元属于听觉传出系统，体现了上位听觉单元对下位听觉单元与听觉末梢的反馈性调控作用，使听觉感受更有效、特异性更高。

1. **传声单元** 包括外耳部分的耳郭、外耳道、鼓膜，中耳部分的听骨链、咽鼓管及内耳部分的外淋巴。该功能单元将声波机械性地传导至内耳，并通过生物物理学方式改变后传至内耳声波的声学特性，便于内耳感受。该单元的损伤或病变，将引起声音传导障碍，在临床上表现为传导性听力损失，如先天性外耳道闭锁、各类急慢性中耳炎、耳硬化症等。

（1）外耳在声音接受中具有两种主要作用：一是通过共振作用，改变鼓膜处的声压；二是有助于对声音的定位。

（2）中耳的生理作用主要是指匹配两种传导介质的阻抗差异，避免声音从低阻抗的空气介质传入高阻的液体介质引起声能损失。中耳的阻抗匹配作用与三种主要因素有关，即鼓膜与镫骨底板的面积比、锤骨柄与砧骨长突的长度比以及锥状鼓膜的扣带样运动。

（3）中耳肌的作用：鼓膜张肌和镫骨肌均为横纹肌，分别受三叉神经运动支和面神经镫骨肌支支配。中耳肌的收缩将使频率小于 $1 \sim 2\text{kHz}$ 的声音传导降低，而对频率大于 $1 \sim 2\text{kHz}$ 的声音传导影响不大。听阈以上的声刺激、触觉刺激、头部及全身的运动等，均可引起中耳肌的反射，对防止噪声性内耳损伤有一定作用。

（4）咽鼓管是维持中耳功能正常的重要结构。在正常情况下，咽鼓管可随吞咽、打哈欠等动作使鼓室腔与鼻咽腔相交通，维持中耳内气压与外界大气压的平衡，从而保持中耳腔的充气状态，并使鼓膜与听骨链可以正常活动。另外，咽鼓管通过黏膜上皮纤毛的运动，推动黏液毯由鼓室向鼻咽部运动，起着排液清除功能。如咽鼓管发生病变，则可使中耳腔成为负压，甚至液体渗出，引起分泌性中耳炎，表现为传导性听力损失。利用声导纳仪可以检查咽鼓管的功能。

2. 感音单元 螺旋器及其相关结构，即听觉感受器。它起着换能器作用，将声音的物理性振动换能为听觉神经生物电信号。该部分的病变会引起声音感觉的障碍，导致感音性听力损失，如梅尼埃病、噪声性耳聋等。

3. 听神经传导单元 听神经传导单元即第Ⅷ对脑神经（位听神经），包括连接前庭的前庭神经和连接耳蜗的蜗神经，前者的神经元胞体为前庭神经节位于内耳道底，后者的神经元胞体即螺旋神经节，位于蜗轴内，两者在内耳道合并为位听神经，经脑桥小脑角，进入脑干分别与前庭神经核和耳蜗神经核联系。耳蜗神经的作用是将同侧听觉感受器换能和初步编码的声音信息以神经冲动的方式传向更高一级神经元。螺旋神经节的退行性改变，内耳道或脑桥小脑角的占位性病变等均可引起同侧神经性听力损失，同时可能会伴有前庭损害症状和体征，如老年性聋、听神经瘤等。

4. 中枢神经传导单元 中枢神经传导单元指从脑干的耳蜗核到中枢听皮层的所有与听觉有关的神经核团和神经联系，包括各级听觉中继神经核团及神经传导纤维。该功能单元的特点为双侧性、多重交叉性联系，与听觉有关的各种反射关系密切。该功能单元的病变可导致双侧听力损失，语言分辨率下降，以及相应的检查结果异常。多发性硬化、脱髓鞘病变、肿瘤、外伤等均可造成该单元的损害。

5. 听觉中枢 听觉中枢指与听觉相关的皮层，是听感觉的最高级中枢，并且通过听觉传出系统对各级听觉中继单元以及听觉末梢进行调控以保证正常听觉活动实施。听觉皮层的生理特点为对侧耳感觉占优势，一侧的听觉皮层损伤表现为对侧听力损失。听觉皮层损伤可以表现为纯音听力正常，而对复杂声的分辨能力以及语言理解能力明显下降。头部外伤、大脑皮层的肿瘤压迫以及脑血管意外等均可引起中枢性听觉功能障碍。

6. 听觉传出系统 听觉传出系统是指听觉皮层传向各级听觉中继单元与听觉末梢，以及各级上位听觉单元传向下位听觉单元的传出神经元与神经纤维。目前研究比较清楚的是起源上橄榄核、止于耳蜗毛细胞的橄榄耳蜗束。听觉传出系统和听觉传入系统相互伴行，但不混合。上行径路的各神经元均受下行纤维的调节。下行系统对上行系统的负反馈作用，使听觉感受更有效，特异性更高，并在一些听觉反射中起更重要的作用。临床上某些听觉功能障碍，尤其是蜗后性的听觉功能障碍可能伴有听觉传出系统的异常。

三、听觉运动反射

1. 听觉 - 惊跳反应 此反射中包括了耳郭、眼和头部转向声源的能力。

2. 镫骨肌反射和鼓膜张肌反射 镫骨肌反射和鼓膜张肌反射影响中耳振动的位置和张力。在较大声音刺激时可引起镫骨肌反射性收缩，只有当声音强度和出现的方式足以引起强烈的防御反应（包括面肌的收缩）时，鼓膜张肌才开始收缩。中耳反射在低频音域内起很大作用，可消除头部活动产生的噪声。

人类除听觉运动反射外，其听觉分析分化程度已达到更高级境界，如可以辨别轻微音调差别的声音，可以分析音色和泛音，进而可辨别不同乐器，也可以同时从许多声音刺激中选择聆听其中认为有意义的声音并判定声源。

声信号分类和纯音的基本概念

声音信号的分类方法有多种，按人耳可听频率分类，可分为次声波、可听声和超声波，人耳可听到的频率范围在 20 ～ 20 000Hz 之间，低于 20Hz 的声波称为次声波，高于 20 000Hz 的声波称为超声波；按声波的周期特性分类，可分为周期性和非周期性声音，周期性声音包括纯音和复合音。纯音，从主观感觉上判断，该信号具有明确的"单一"音调感觉；从频率成分上，是具有单一频率成分的音，其声压随时间按正弦函数规律变化，一个持续不变的纯音，在频谱上表现为一根垂线。复合音是由两种以上不同频率、不同振幅、不同相位的周期性声波构成，可以分解为多个纯音之和。非周期性声音，如噪声，是由许多频率、强度、相位不同的声波无规律地组合在一起形成，呈非周期性振动，频谱连续（图 1-3-1）。

在纯音听阈测试中，气导和骨导测试所用的声信号即为不同频率的纯音。除此之外，在听力学诊断和科研中还会用到短时程信号、调制声、言语信号和噪声信号等。短时程信号常用于听觉诱发电位和诱发性耳声发射的测试，如短纯音（tone burst）、短音（tone pip）、短声（click）、滤波短声（filtered click）等。调制声主要用于听觉稳态反应的测试，包括调幅声、调频声、混合调制声、独立调幅调频声、Chirp 声等。言语信号主要用于言语测听。常用噪声信号有白噪声（white noise）、窄带噪声（narrow-band noise）、言语噪声（speech noise）、粉红噪声（pink noise）等。

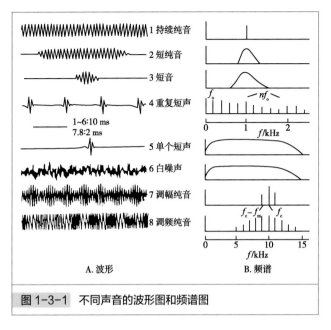

A. 波形　　　　　　　　B. 频谱

图 1-3-1　不同声音的波形图和频谱图

心理声学与感觉"阈"的概念

心理物理学是研究物理量与心理量之间关系的科学，心理声学是心理物理学的一部分，是研究听觉处理机制的科学，其物理量为声信号，心理量为听觉。听力师进行听力测试的过程就是心理声学的应用过程。

感觉是无法进行直接测量的。所以，一个人对声音的感受是通过其行为来推断的。比如纯音听阈测试中，受试者听到声音后做出的行为反应为按手柄按钮或举手，听力师通过观察受试者的这些反应，来判断其是否听到声音。在听力测试中，"阈"就是从不能听到至能听到，或从不能分辨至能分辨之间的一个界限。因此，在听力测试中，感觉阈的测试包含两部分内容，即绝对阈值测试和差别阈测试。听阈属于绝对阈值测试，差别阈测试包括强度辨别阈、频率辨别阈、时间辨别阈、相位辨别阈测试等等。

阈值测试方法有限制法、调整法、持续刺激法等。

（1）限制法：测试者控制给声强度，受试者听到声音做出反应。不论用上升法或下降法，其给声起点都与听阈有一定距离。如果受试者在基本一强度级别做出反应次数达到50%，则此强度级别被定义为听阈。限制法是目前临床最常用的阈值测试方法。

（2）调整法：受试者控制给声的强度，用数次上升法和下降法分别得到所能听到的最小的声音强度，并求得平均值，即为听阈。

（3）持续刺激法：随机给出不同强度的声音，每一个强度声音的给出次数是一定的，计算出其正确反应的百分数。受试者对最大的声音强度可以100%地做出反应，对最小的声音始终没有反应，在此范围内至少设置10个强度级别，每个强度级别至少出现 10 次，反应率为 50% 的强度即为听阈。此法常用于科研。

在进行阈值测量时，往往测试结果会存在很大差异，此种情况除了与阈值觉察的复杂过程有关外，还与环境噪声、测试阈值的方法、测试前的指导、受试者动机、测试者经验等有关。

听觉的动态范围与辨差测量

听觉动态范围是指可用的听力范围。在用频率和声强级表示的坐标中，听觉动态范围是以听阈和最大舒适级为界形成的区域（图 1-5-1）。动态范围的下限即为听阈，是指人耳在不同频率能够觉察到的最小声压级，常通过两种方式获得：①通过耳机测得最小可听声压级；②在声场中通过扬声器测得双耳最小可听声场。动态范围的上限为最大舒适级，是指在声音达到令人不舒服的强度或产生疼痛的强度之前的最大舒适声压级，因此动态范围的上限取决于人耳对响度的感知。

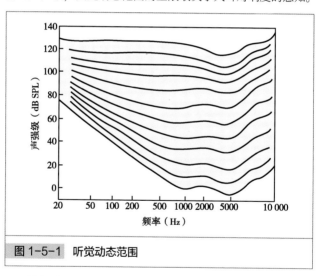

图 1-5-1 听觉动态范围

比如感音神经性聋时，由于响度重振的原因，当声音大于听阈，在达到正常人的最大舒适响度之前，受试者已感觉响度异常增大，产生不舒服的感觉，导致动态范围减小。

听觉系统不但能够感受声音刺激，还能分辨不同频率和强度的声音。能辨别出的两个声音的最小强度差称为强度辨别阈。能辨别出两个声音的最小频率差称为频率辨别阈。检测辨别阈的方法称为辨差测量。

进行强度辨差阈测试时，应先测试受试耳纯音气导听阈，在某一频率听阈上 40dB 给声，并逐渐调大强度变化的幅度，至受试者分辨出声强的变化，此时调整的声强幅度即为强度辨差阈。正常人阈上 40dB 时的强度辨差阈为 0.9 ～ 1.5dB，响度重振时，辨差阈＜ 0.9dB，一般在 0.5dB 左右，完全重振时可＜ 0.5dB。

频率辨差阈测试与强度辨差阈测试相似，需在气导某一频率听阈上 40dB 给声，并逐渐调大频率变化的幅度，至受试者分辨出频率的变化，此时调整的频率幅度即为频率辨差阈。正常人频率辨差阈在 1% 以上，响度重振时辨差阈＜ 1%，完全重振时只有 0.7%。

音叉检查

音叉试验（tuning fork test）是用一组可产生不同频率纯音的音叉进行的听力测试。由于测试设备简单、检查方法易行，可初步判定听力损失的性质而成为常用听力检查方法之一。包括林纳试验（Rinne test, RT）、韦伯试验（Weber test, WT）、施瓦巴赫试验（Schwabach test, ST）和盖莱试验（Gelle test, GT）。

一、基本概念

检查用音叉可由 8 个不同频率的音叉组成一套，常用的有 C128、C256、C512、C1024、C2048（图 1-6-1）。由于每个音叉敲击后产生的声音的最高强度受音叉的质量和频率的影响，且每次敲击音叉的强度也不可能完全一致，故音叉试验不能用作听力损失的定量检查，即不能判断听力损失的程度。

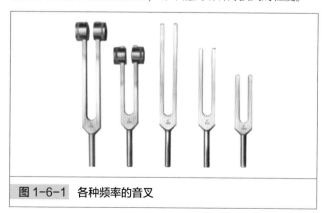

图 1-6-1 各种频率的音叉

在进行音叉试验时，检查者手持叉柄，将叉臂前 1/3 部向另一手掌的鱼际肌或肘关节处轻轻敲击，使其振动，注意敲击音叉时用力要适当，如用力过猛，可产生泛音而影响检查结果。检查气导听力时，敲击后迅速将振动的叉臂置于距受试耳外耳道口 1cm 处，两叉臂末端应与外耳道口在一平面。检查骨导时，应将叉柄末端的底部压置于颅面中线上或鼓窦区，避免触碰耳郭。

二、林纳试验

林纳试验亦称气骨导比较试验，旨在比较受试耳气导和骨导的时间长短从而初步判定听力损失的性质。

1. 测试方法 敲击音叉后先测试骨导听力，待受试耳听不到音叉声时立即测同侧气导听力（图 1-6-2）。

（1）若此时受试耳尚可听到说明气导＞骨导（AC＞BC）记为 RT 阳性（+）。

（2）若此时受试耳不可听到，则应再敲击音叉，先测气导听力，待受试耳不能听到时立即测同侧骨导听力，若此时受试耳尚可听到，可证实为骨导＞气导（BC＞AC）记为 RT 阴性（-）。

（3）若气导与骨导相等（AC＝BC）则以"（±）"表示。

2. 结果判定 RT 阳性（+）为正常或感音神经性听力损失，RT 阴性（-）为传导性听力损失；（±）为中度传导性听力损失或混合性听力损失。

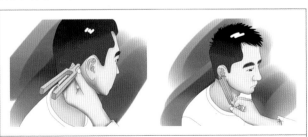

图 1-6-2 林纳试验

三、韦伯试验

韦伯试验亦称骨导偏向试验，通过比较受试者两耳的骨导感觉的差异，用以鉴别听觉障碍或耳聋性质。

1. **测试方法** 包括音叉测试法和纯音听力计测试法。

（1）音叉检查法：取 C256 或 C512 音叉，敲击后将叉柄底部紧压于颅面中线上任何一点（多为前额或额部，亦可置于第一上切牙之间）。

（2）纯音听力计检查法：取骨导振子置于前额正中，分别给予 250Hz、500Hz、1000Hz 和 2000Hz 频率的阈上 20dB 纯音声刺激。

（3）同时请受试者仔细辨别声音偏向何侧，并以手指示之，以"→"、"←"或"＝"予以记录（图 1-6-3）。

A. 韦伯试验偏右耳

B. 韦伯试验相等

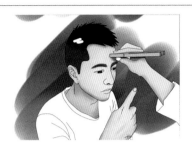

C. 韦伯试验偏左耳

图 1-6-3　韦伯试验

2. 结果判定　无论是音叉测试法还是纯音听力计测试法，结果判定的标准是一致的。分别用"＝"表示双耳听力正常或双耳听力损失程度相近；"→"或"←"表示骨导的偏侧方向。若偏向患侧耳（或听力损失较重侧），提示该患耳为传导性听力损失；若偏向健侧耳（或听力损失较轻侧），提示患侧耳为感音神经性听力损失。

四、施瓦巴赫试验

施瓦巴赫试验又称骨导比较试验，通过比较受试者与正常人（一般是检查者本人）的骨导听力的差异，判断受试者听力损失的性质。

1. 测试方法　先试正常听力者（通常是检查者）的骨导听力，当其不能听及音叉声时，迅速将音叉移至受试耳鼓窦区测试（图 1-6-4）。然后按同法先测受试者，然后移至正常听力者。

2. 结果判定　若受试耳骨导延长，记为"(+)"，提示受试耳为传导性听力损失；若受试耳骨导缩短，记为"(-)"，提示为感音神经性听力损失；若骨导时间相近，记为"(±)"，提示受试耳骨导听力正常。

图 1-6-4 施瓦巴赫试验

　　为了便于学习记忆，现将传导性听力损失和感音神经性听力损失的音叉试验结果汇总于表 1-6-1。

表 1-6-1　音叉试验结果比较

试验方法	正常	传导性听力损失	感音神经性听力损失
林纳试验（RT）	（+）	（−），（±）	（+）
韦伯试验（WT）	=	→患侧耳	→健侧耳
施瓦巴赫试验（ST）	（±）	（+）	（−）

纯音测听的基本条件和要求

在临床与科研工作中为确保听觉测试结果的科学性、准确性和可靠性，必须对听觉测试所处环境、使用设备以及技术方法进行统一要求，只要在符合国际通用标准下获得的测听结果方可作为临床进行听力学诊断的依据。本章将着重介绍纯音测听应满足的条件和遵循的要求。

测听环境和条件

听力测试需要在一个相对安静的独立空间内进行，通常把这个独立小空间称为测听室或隔声室。纯音听阈测试是为了获取受试者的听阈，因此测试环境中同时存在的其他任何声音，都可能干扰纯音听阈测试的结果。为了保证纯音听阈测试结果的准确性及可靠性，需要严格控制环境中的背景噪声，隔声室应符合以下要求和标准：

一、隔声室的建造要求

隔声室的建造要求可以依据不同的测试目的而对其声学指标要求有一定差别，用于临床诊断和科学研究的隔声室适用标准严格。标准隔声室的建造标准应分别符合《GB/T16403—1996 声学测听方法 纯音气导和骨导听阈基本测听法》和《GB/T16296—1996 声学测听方法 第 2 部分：用纯音及窄带测试信号的声场测听法》所规定的要求。

1. 隔声室的隔声及消声 隔声效果是设计建造隔声室的关键问题，其门、窗及室内外接线的处理又是隔声的关键。隔声室的门应采用双层结构，隔声室的窗应由双层玻璃（中间密封隔绝空气）构成，隔声室墙体多采用隔音材料以及各种吸声材料建造。

（1）窗：由于窗的隔声较难处理，因此单室隔声室不宜有窗户，双室隔声室，为了方便测试者及时观察到隔声室内受试者的反应，可以在两室之间安装由双层玻璃（中间密封隔绝空气）构成的单向可视观察窗。窗户与墙壁间需做好密封隔声措施，并在窗户下的墙体内预先埋好信号导线转换插板、处理好其周围的密封，以确保控制室的听力计等相关设备导线能够穿过隔声室的墙壁而又不会造成声音的进入。

（2）门：门应采用双层结构，在两层之间加吸声材料。门扇四周用橡皮压条，框与扉之间用阶梯式结构以提高密闭性能。隔声室的门既要坚实牢固，隔声密闭性能好，又要做到开闭灵活。

（3）墙体：墙体一般为多层结构，多采用隔音材料以及各种吸声材料建造，内饰面选择吸声性能好的吸声材料。

（4）隔声室安置：隔声室整体应采用悬浮结构，和原有建筑物没有钢性的连接。

隔声室的隔声性能主要取决于各个组合构件（包括门、窗、缝隙、孔洞、消声器、墙体等）的透声系数和它们所占面积的大小，在隔声室内还可采用波浪形多孔吸声材料装饰内墙及顶面，地面铺设地毯等材料，提高吸声效果。

2. 隔声室的屏蔽 隔声室的电屏蔽处理主要是为了降低电磁场的干扰，减少对测试结果的影响。在远离大型电器设备的前提下，可在隔声室内壁六个面连续铺设单层或双层的紫铜网（或铜皮）以形成一个封闭的六面屏蔽体，亦可采用钢板屏蔽结构形成一个全封闭的屏蔽整体。此外，还应单独埋设接地电阻小于 1Ω（最大不得超过 3Ω）的可靠地线，同时要求室内电源应经过稳压和滤波处理。

3. 隔声室的环保及舒适性 建造隔声室时，一定要注意在隔声室使用中的环保要求和舒适性，避免由于材料使用不当而引起人员的不适感。

（1）隔声室的面积：隔声室不宜过大或过小，过大会造成空间和经费的浪费，面积太小会影响操作，也应避免让受试者在狭小的空间感到压抑和局促。因此，小型隔声室的室内面积最低不得小于 2m×2m，高度不得低于 2m；同时要配备良好的通风和照明设施。在配置通风和换气系统时，对进出风口的消声处理是非常重要的，以避免噪声对测试结果的影响。

（2）隔声室的照明：隔声室内的照明应采用白炽灯，不宜用荧光灯。主要是为了避免镇流器启动或灯管在使用过程中发出的微小声音影响测听结果。

二、隔声室背景噪声控制与标准

隔声室建成后应由计量检测部门的专业人员，按国家标准测试对其背景噪声进行测量。国家标准 GB/T16403—1996《声学测听方法纯音气导和骨导听阈基本测听法》，对不同频率范围的气导、骨导、声场测听所允许的环境噪声固定如表 2-1-1、表 2-1-2 和表 2-1-3 所列。

表 2-1-1　以典型通用压耳式耳机作气导测听时 1/3 倍频带最大允许环境声压级 L_{max}

1/3 倍频带的中心频率（Hz）	最大允许环境噪声声压级 L_{max}（dB SPL）		
	测试纯音频率范围（Hz）		
	125 ~ 8000	250 ~ 8000	500 ~ 8000
125	28	39	51
250	19	19	37
500	18	18	18
1000	23	23	23
2000	30	30	30
4000	36	36	36
8000	33	33	33

引自：国家标准 GB/T 16403—1996

表 2-1-2 纯音骨导测听的 1/3 倍频带最大允许环境声压级 L_{max}

1/3 倍频带的中心频率（Hz）	最大允许环境噪声声压级 L_{max}（dB SPL）	
	测试纯音频率范围（Hz）	
	125～8000	250～8000
125	20	28
250	13	13
500	8	8
1000	7	7
2000	8	8
4000	2	2
8000	15	15

引自：国家标准 GB/T 16403—1996

表 2-1-3 声场测听的最大允许环境声压级 L_{max} 1/3 倍频带

1/3 倍频带的中心频率（Hz）	最大允许环境噪声声压级 L_{max}（dB SPL）	
	最低测试音的频率（Hz）	
	125	250
125	17	25
250	12	12
500	5	5
1000	4	4
2000	5	3
4000	−1	1
8000	12	12

引自：国家标准 GB/T16296—1996

注意表 2-1-1 和表 2-1-2 中列的数值是需要测试的最低听阈级为 0dB，由环境噪声引起的最大误差为 +2dB。如果允许环境噪声引起的最大误差为 +5dB，则表中之值可以加 8dB。

三、隔声室的种类以及室内测试位置安排

1. 隔声室的种类　隔声室可以分为单室隔声室和双室隔声室两种（图 2-1-1）。

（1）单室隔声室：指受试者、测试者及测试设备均安置在同一房间内。单室隔声室的优点是可以减小建筑空间、节省造价，便于观察受试者的反应；缺点是测试者动作或者表情有可能对受试者产生干扰或暗示，从而影响测试结果。

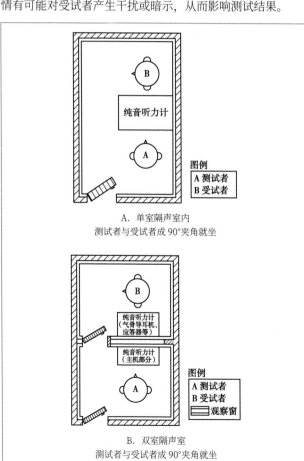

A. 单室隔声室内
测试者与受试者成 90°夹角就坐

B. 双室隔声室
测试者与受试者成 90°夹角就坐

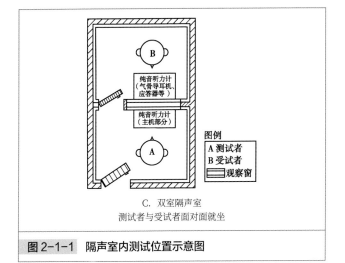

C. 双室隔声室
测试者与受试者面对面就坐

图 2-1-1 隔声室内测试位置示意图

（2）双室隔声室：指受试者、听力计耳机、应答器及麦克风等安置在主隔声室，测试者、听力计、控制设备等安置在相邻的控制室。其优点是可避免检测设备、受试者和测试人员之间的相互干扰；缺点是增加建筑面积和建造成本，会影响测试人员与老年人和儿童受试者的沟通。

2. 测试位置安排

（1）在单室隔声室内测试时，测试者与受试者相互位置不应采用面对面的座位安排，其正确位置应安排成 90°角关系，以便测试者能够充分观察到受试者的反应，同时也可避免受试者看到测试者的操作动作（图 2-1-1A）。

（2）双室隔声室内进行测试时，由于有单向玻璃的窗户隔离，测试者能够方便地通过观察窗看到受试者的反应，同时受试者不能看到检查人员的操作动作，因此测试者与受试者既可采用 90°角位置就坐（图 2-1-1B），亦可采用面对面位置就坐（图 2-1-1C）。

纯音听力计

纯音听力计（pure tone audiometer）是利用电声学原理设计而成，可以产生不同频率和强度的纯音，以及用于测试中掩蔽使用的各种噪声的声学仪器，是听功能测试的最基本工具。

一、纯音听力计的类型

根据不同的工作方式可将纯音听力计分为自动描记听力计（即 Békésy audiometer）、手动听力计及计算机控制听力计三类。其中自动描记听力计（即 Békésy 自描听力计）为受试者通过一个应答器控制给声强度，当按下应答器时听力计会自动降低输出强度、松开应答器时听力计将自动提高输出强度。目前此类听力计已经逐渐淡出临床使用，本书不再赘述。

根据国际电工委员会（International Electrotechnical Commission, IEC）规定，按纯音听力计的功能与用途不同，听力计可分为以下四大类（表 2-2-1）：

表 2-2-1　纯音听力计的分类及参数

	分类	频率范围（Hz）	气导最大输出（dB HL）	骨导最大输出（dB HL）	衰减器设置（dB HL）
一类	高级诊断型听力计	125～8000	120	90	1/2/5
二类	诊断型听力计	125～8000	110	80	2/5
三类	简单诊断型听力计	250～8000	100	50	5
四类	筛查型听力计	500～4000	70	无骨导	5

二、纯音听力计的原理与结构

人类感知声音的实质就是听觉系统对外界声刺激所产生的感受，因此进行听力测试必须借助可人为控制的声源。纯音听力计的设计原理就是通过一系列的电声学线路和（或）设备产生一组纯音信号并堆砌进行控制、放大，利用耳机的电声转换特性，将各种不同频率的纯音信号转换成相应频率的声信号，最终产生测试所需的各种刺激声以实现检测受试者听功能的目的。纯音听力计包括信号源、功率放大器、信号级控制器、气导耳机和骨导耳机等部分。

三、纯音听力计的换能器

换能器（transducers）是将一种形式的能量转化另一种能量形式的装置。纯音听力计的换能器包括将声能转换为电能的装置（通常为麦克风）以及将电能转换为声能或机械能的装置（气导耳机、骨导耳机和扬声器）。

1. 气导耳机　气导耳机是一种动圈式结构的宽频带耳机，包括压耳式耳机、耳罩式耳机及插入式耳机。

（1）压耳式耳机：压耳式耳机（supra-aural earphone）是纯音测试最早使用的耳机，也是临床中最常使用的耳机。其优点是易于校准和放置；缺点是耳间衰减小、可能造成耳道塌陷、频率响应窄、不能在极短时间内准确地重复信号等。但是在隔声室环境中，上述缺点基本不影响纯音听阈测试结果，因此压耳式耳机仍然是纯音听阈测试中最常用的耳机（图 2-2-1）。

（2）耳罩式耳机：耳罩式耳机（circum-aural earphones）又称围耳式耳机或防噪声耳机（noise excluding earphones），其优点是高频可扩展到 8000 ～ 20 000Hz，碗状耳罩可阻隔部分环境噪声；其缺点是不能使用标准耦合器校准（图 2-2-2）。

图 2-2-1 压耳式耳机

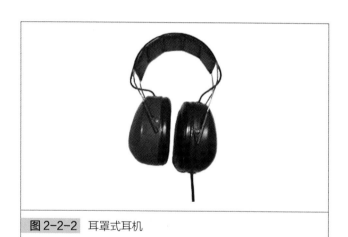

图 2-2-2 耳罩式耳机

（3）插入式耳机：插入式耳机（insert earphones）是一种将接收器插入耳道内的耳机，由换能器、声管、接头和海绵耳塞插头四部分组成（图2-2-3）。插入式耳机具有增加耳间衰减的优势，可减少出现掩蔽困局的可能，且可较好地支撑耳道，避免发生耳道塌陷，还可减少环境噪音对测试的影响，故尤其适用于婴幼儿测听。其缺点是某些频率的最大声输出不及前述两种耳机高。

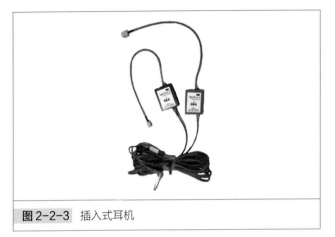

图 2-2-3 插入式耳机

2. **骨导耳机** 骨导耳机（bone vibrators）是一种将电能转换为机械振动能的转换器，包括骨振器和固定头环两部分（图 2-2-4）。

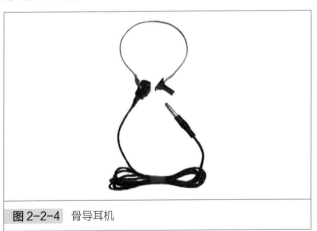

图 2-2-4 骨导耳机

3. **扬声器** 扬声器（speakers）是将电能转换为声能的装置，用扬声器可进行声场测试，亦常用于助听器验配和人工耳蜗植入术后效果评估。

纯音听力计的校准

校准（calibration）是指在规定条件下为确定测量仪器或测量系统所指示的量值与对应的标准量值之间关系的一组操作。听力学测试设备校准目的是检验所用设备换能器发出的声音信号在频率、强度和时间等方面是否符合相关标准规定。

一、校准原则

纯音听力计是国家计量法规定的强制检定的工作计量工具，对新制造的、新启用、尚在使用的或经过修理或更换耳机的纯音听力计，均应按照国际制定的听力计检定标准进行校准。此外，当发现测试结果与预期值或经验值发生显著偏差时应立即进行校准；用于科研实验的测听设备应在实验开始前和实验过程中每天开始前进行校准。根据使用的设备和方法的不同，校准可分为生物学校准和声学校准两种。

（一）生物学校准

生物学校准（biologic calibration），又叫做真耳校准（real ear calibration）。该方法利用听力正常听阈的平均值对听力计声压级的准确性进行相对校准。该方法操作简单、无须使用专门的设备和仪器；但缺点是：①仅为一种相对的方法，无听力计校准标准规范；②该方法耗时较长，特别是受试人群的选择往往需要很长时间；③以此法检出听力计某个参数与正常值有差异时，仅表明该听力计可能有问题，仍需通过其他方法加以验证。因此，生物学校准适用于新进的设备或当听力计使用不同耳机时的校准，仅为一种筛选方法。

（二）声学校准法

声学校准法（acoustic calibration），又称耦合器校准法（coupler calibration）或仿真耳校准法（artificial ear calibration），是临床上和计量领域中普遍使用的一种客观校准方法，校准时需要使用耦合器、仿真耳或仿真乳突、声级计等一系列专门设备和仪器，校准方法相对复杂，详细叙述见纯音听力计校准方法部分。

二、校准设备

在进行声学校准时需要配套使用标准计量器具和配套测量设备，常用设备见表 2-3-1，其中用于检查输出强度的基本校准设备包括：①电压表或万用表；② $6cm^3$ 耦合腔（图 2-3-1）或耳模拟器（仿真耳）（图 2-3-2）；③ $2cm^3$ 耦合腔；④力耦合器（仿真乳突）（图 2-3-3）；⑤传声器（电容麦克风）（图 2-3-4）；⑥声级计或频谱分析仪（图 2-3-5）；⑦ 500g 重物。

表 2-3-1 听力计校准中检查各种参数常用的设备

参数	推 荐 设 备
强度	示波器
	电压表
	万用表
	电容麦克风
	频谱仪
	图形记录器
	声级滤波器
	声耦合腔（NBS9-A 或 IEC318; HA-1 或 HA-2 或堵耳模拟器 -711）
	力耦合器（仿真乳突）
频率	示波器
	电子计数器
	频率分析仪
	失真表
	频谱分析仪
时间	示波器
	电子计数器
	图形记录器

图 2-3-1　校准压耳式耳机的 6cm³ 声耦合器（声耦合腔）

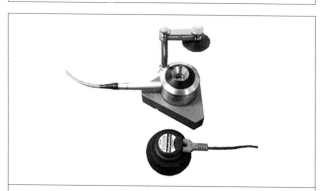

图 2-3-2　校准压耳式耳机的耳模拟器（仿真耳）

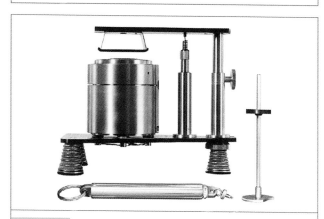

图 2-3-3　力耦合器（仿真乳突）

图 2-3-4 传声器

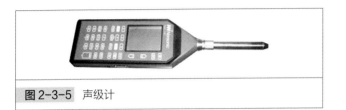

图 2-3-5 声级计

三、校准方法

纯音测听是临床听力学检查中评价听功能的最基本测试内容，纯音听力计是完成纯音测听的最基本工具，因此设备性能的稳定和标化非常重要。确保纯音听力计产生的信号（不同频率、不同强度的纯音以及掩蔽噪声等）与其所表示的频率／强度一致、确保换能器输出的信号没有失真或噪声干扰是准确完成听力测试的先决条件。因此，无论听力计的新旧，测试者都必须按照国家计量法的要求对其进行定期的检查和校准。

纯音听力计的校准项目包括日常主观校准（A 级）、定期客观校准（B 级）、常规基本校准（C 级），其中常规基本校准是三种校准中最严格的一种，需由专业计量人员完成。而且在完成常规基本校准后，仍然需在重新使用前进行日常主观校准。三级校准的间隔时间推荐为每周进行一次 A 级校验，而且在每天使用前应按照 A 级校验的前五步规定对设备进行日常校验；每 3 个月进行一次 B 级校验；在纯音听力计使用中的每隔两年均应进行年度强制校验，或者当纯音听力计出现严重故障以及听力计大修后均应强制进行 C 级校验。

1. 常规检查及主观校验（A 级） 建议每天使用仪器之前，检查包括听力计与隔声室中设备之间的连接。此外，还宜检查接线盒上的任何插头、插座与导线的连接以及潜在的信号源不稳定和错接。

（1）清洁和检查听力计及全部附件。检查耳机垫、插头、电源线和附件、导线有无磨损或损伤迹象，损伤或磨损严重的部件宜更换。

（2）开机并按说明书建议的时间预热。如果厂家未提供预热时间，则等 5 分钟使仪器稳定后，再按厂家的规定调整仪器。对电池供电的仪器，按规定的方法检查电池的状态。如有可能，还要检查耳机和骨振器系列号与仪器系列号标签是否相符。

（3）检查听力计的气导和骨导输出是否大致正确，方法是在某一听力级，比如 10dB 或 15dB 进行扫频，同时检查测试音是否"刚刚可听"。应在全部合适的测试频率，对两个耳机及骨振器做这项检查。

（4）用高听力级（如气导听力级为 60dB，骨导听力级为 40dB），在所有频率，对仪器的各种相应功能（和两个耳机）进行检查。聆听工作状态是否正常，有无畸变，有无开关的"咔嗒"声等。检查各种耳机（包括掩蔽换能器）及骨振器的输出有无失真和间断；检查插头和导线有无连接不良；检查所有开关按钮是否安全，指示灯和指示器工作是否正常。

（5）检查受试者的信号系统的工作状态。

（6）在低声级，聆听有无产生噪声或交流声的先兆，有无不希望的声音（当信号传入另一通道时突然出现的串音），或加掩蔽时音质有无任何改变。校验衰减器是否能在全量程对信号衰减，并且在发送声信号时，工作的衰减器会不会产生电噪声或机械噪声；检查开关键操作是否无声，在受试者位置有无可听的仪器辐射的噪声。

（7）若合适，用与检查纯音功能相同的步骤，检查受试者的语音对讲线路。

（8）检查耳机头带及骨振器头带的张力，确保旋轴关节转动灵活，无过度滞涩；检查隔噪声耳机的头带和旋轴关节有无变形或金属疲劳的先兆。

（9）对自动记录听力计，检查记录笔和机械运行状况，以及量程开关和频率开关的功能；检查在受试者位置能否听到无关的仪器噪声。

2. 定期客观校验（B级） 定期客观校验，包括测量和测量结果与相应的标准比较，如：

（1）测试信号的频率。

（2）声耦合器或耳模拟器中由耳机产生的声压级。

（3）骨振器对力耦合器产生的振动力级。

（4）掩蔽噪声级。

（5）衰减挡（在有效范围内，特别是 60dB 以下）。

（6）谐波失真。

如果频率或测试声级超出校准范围，通常可加以调节，若不可调，参考做基本校准的仪器。做校准调节时，宜记录调节前、后的测量结果。

从录下仪器上的测量结果，可得知校准变化的情况。通过观察这种变化趋势，可确定需做客观校验的间隔时间。

3. 基本校准测试（C级） 基本校准应由有资格的专业实验室进行。测听设备经基本校准后，应符合 IEC 60645-1定的相关要求。具体内容请阅读相关专业书籍。

当仪器经基本校准返回后，宜在重新使用之前按 A 级或B 级校准叙述的步骤再检验一次。

四、校准参数

与听力学有关的国际标准由国际标准化组织（ISO）第
43 分委会、声学技术委员会和国际电工委员会（IEC）第 29
分会、电声学技术委员会制定；与之相应的国家标准由全国
声学标准化技术委员会和全国电声学标准化技术委员会制订。
其中纯音听力计设备遵循国家标准 GB/T 7341.1—2010《电
声学测听设备第 1 部分：纯音听力计》（等同采用 IEC 60645-
1：2001）；关于测听设备基准零级的国家标准等同采用国际标
准化组织 ISO 公布的 ISO 389 系列标准，相关标准如表 2-3-2、
表 2-3-3。

表 2-3-2　测听仪器设备标准

标 准 名 称	国家标准代号	相应国际标准
总标题：听力计		
第 1 部分：纯音听力计	GB/T 734.1—1998	IEC 60645-1
第 2 部分：言语测听设备	GB/T 734.2—1998	IEC 60645-2
第 3 部分：用于测听与神经耳科的短持续听觉测试信号	GB/T 734.3—1998	IEC 60645-3
第 4 部分：延伸高频测听的设备	GB/T 734.4—1998	IEC 60645-4
第 5 部分：耳声阻抗/导纳的测量仪器	GB/T 15953—1995	IEC 60645-5
第 6 部分：耳声发射的测量仪器		
第 7 部分：听觉诱发电位的测量仪器		

表 2-3-3　校准测听设备的零级标准

标 准 名 称	国家标准代号	相应国际标准
总标题：声学校准测听设备的基准零级		
第 1 部分：压耳式耳机的纯音基准等效阈声压级	GB/T 4854.1—2004	ISO 389-1
第 2 部分：插入式耳机纯音基准等效阈声压级	GB/T 16402—1996	ISO 389-2

标 准 名 称	国家标准代号	相应国际标准
第3部分: 骨振器纯音基准等效阈 力级	GB/T 4854.3—1998	ISO 389-3
第4部分: 窄带掩蔽噪声的基准级	GB/T 4854.4—1999	ISO 389-4
第5部分: 8kHz ~ 16kHz 频率范 围纯音基准等效阈 S 声压级	GB/T 4854.5—2008	ISO 389-5
第6部分: 短持续信号的基准等效 阈声压级	GB/T 4854.6—2014	ISO 389-6
第7部分: 自由场与扩散场测听的 基准听阈	GB/T 4854.7—1999	ISO 389-7
第9部分: 测定基准听阈的优选 条件	GB/T 4854.9—2016	ISO 389-9

纯音听阈测试技术

纯音听力计以标准的气导和骨导听力零级作为听力计零级，在此基础上计算其强度增减的各个听力级纯音听阈测试即是测定受试耳对一定范围内不同频率纯音的听阈。

第一节	纯音听阈测试方法

根据测试目的或检查对象不同，听力测试应在隔声室内或自由声场内进行，环境噪声不得超过 GB7583—87 规定的标准。手控纯音听力计测试步骤如下：

一、测试前准备

（一）日常校准
每天测试前应对纯音听力计进行日常主观校准。

（二）病史采集
1. 一般资料，包括姓名、性别、年龄、测试日期等。

2. 询问病史，包括听力损失发生的时间和病程，可能的诱发因素，是否为进行性地加重；听力损失的侧别，如果为双侧耳，哪一侧听力更好一些；是否有耳鸣，耳鸣的音调、持续时间和侧别等；是否伴眩晕，眩晕性质、发作频率和发作的持续时间等；是否有噪声暴露史、耳部疾病史和耳聋家族史等；并仔细询问既往治疗情况，有无佩戴助听器的情况、效果如何等。

3. 在询问的过程中，还应观察受试者对声音的反应情况，如是否有转头用一侧耳来听、是否紧盯测试者的口型、是否凑近聆听测试者的讲话、是否重复提问或求助陪同者才能回答问题、是否有言语发音障碍等。通过询问及观察，有助于测试者初步判断受试者的听力情况，预估初始给声强度、选择优先测试耳及初步判断是否需要掩蔽等。

（三）受试者准备
去除受试者的眼镜、头饰、助听器等。检查受试者的耳部，观察有无耳郭及耳道畸形，用手指模拟耳机压迫耳郭检查外耳道是否塌陷，并用耳镜检查外耳道有无堵塞，听力检测前应清除耳道内耵聍或其他堵塞物，使耳道保持通畅；观察鼓膜是否完整、是否有中耳积液或耳漏等。

（四）讲解测试流程和注意事项

要求测试者在纯音听阈测试前，应告诉受试者几个关键信息，例如：①怎样做出反应（举手或按钮）；②听到声音要立刻做出反应，听不到时立刻停止反应；③只要听到声音，哪怕很轻微，也要做出反应；④两耳分别测试，计划先测试哪一耳。

二、纯音气导听阈测试

（一）熟悉测试过程

1. 在测试听阈前，先选用一个持续 1 ～ 2 秒的能够引起受试者反应的纯音信号作为起始音。

2. 如果受试者为听力正常者，通常以 1000Hz 40dB HL 强度的测试声为起始纯音给被试耳；如果受试者为听力损失人员，则从 1000Hz 60dB HL 开始。

3. 给声后，受试者如能听到，则 20dB 一挡降低强度，直至受试者不再做出反应；如果受试者听不到，则以 10dB 一挡的强度增加，直到受试者听到最微弱的声音。在纯音强度上升过程中，如果同一强度至少有两次以上反应，则可以进行正式测试。对于极重度聋者和有测听经验的患者，本步骤可省略。

（二）纯音气导听阈测试

根据 GB 7583—87 规定的标准，推荐的测试方法有上升法、升降法两种。由于升降法测试时间较长，方法较复杂，而测试结果与上升法无差异，临床上以上升法最为常用。

1. 第一步 受试者通过熟悉试验后，以低于熟悉过程中反应的最低声级以下 10dB 的测试声开始给声，如果每次给声后无反应，则以 5dB 一挡逐渐增加测试声强度，直至出现反应。

2. 第二步　寻找阈值。

（1）上升法：上升法为临床最常用的检测方法，通常是指通过"降十升五"的手段寻找纯音听阈的方法。

1）测试者从受试者的熟悉试验阈值下给声，当受试者有反应时，就在下次给声时下降 10dB，如果受试者没有反应，则在下次给声时上升 5dB。

2）当受试者在测试过程中听到纯音信号并做出正确反应后，测试者以 10dB 一挡降低测试声强度，至受试者不再做出反应为止，然后再以 5dB 一挡增加测试声强度，直至得到正确反应。

3）以此法反复给声，直至 3 次上升中有 2 次反应出现在同一强度，即为该测试频率的听阈，操作流程图见图 3-1-1。

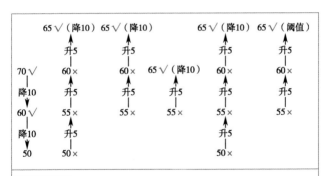

图 3-1-1　纯音听阈测试上升法流程图
（本图以 70dB 开始为例）

（2）升降法：测试者从受试者的熟悉试验阈值下给声，当受试者有反应时，再将测试声强度增加 5dB，如果仍有反应，则以 5dB 一挡降低测试声强度，每次观察有无反应，直至无反应时，再降低 5dB，然后再 5dB 一挡递增，如此反复上升及下降各 3 次。如果上升 3 次或下降 3 次中的最低反应级相差大于 10dB, 则需重新完成测试, 操作流程图见图 3-1-2。

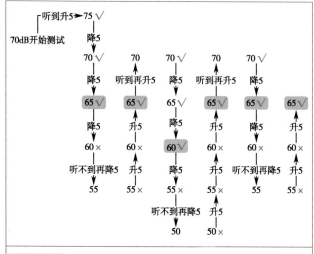

图 3-1-2 纯音听阈测试升降法流程图
（本图以 70dB 开始为例）

3. 第三步 计算听阈值。在上升法中, 当 3 次上升中有 2 次反应出现在同一值的最低反应强度, 即为该测试频率的听阈。对于升降法, 将上升 3 次及下降 3 次的最小声级分别平均, 再计算此两平均数的平均值, 这一均值修改为最接近的整分贝数, 即为被测试耳该频率的听阈值, 计算方法举例如下。

升降法阈值计算:

$$[(65+65+60)÷3+(65+65+65)÷3]÷2=64 （dB）$$

确定阈值的注意事项:

（1）测试耳选择: 先测试听力较好侧或健侧。

（2）测试频率顺序: 首先测试 1000Hz 听阈, 然后依次测试 2000Hz、4000Hz、8000Hz, 再复测 1000Hz, 如果两次 1000Hz 得到的阈值差别大于 5dB, 则需重新测试上述全部频率; 如果小于 5dB 则继续测试 250Hz、500Hz。如两个倍频频率的阈值相差≥20dB, 则应加测其间半倍频程的阈值。

（3）测试给声技巧：手动给声时间一般持续 1 ～ 2 秒，间隔时间不得短于给声时间。

（4）避免节律性给声：给声时间及间隔时间应不规则，防止出现假阳性结果；老年性的听障患者：由于其反应及动作相对缓慢，在测试时应避免给声频率过快，出现假阴性结果；耳鸣患者：在耳鸣的同侧给声，当受试者认为耳鸣音调比测试声调低，则降低测试声频率，反之则提高测试声频率。

4. 第四步　继续完成对侧耳的听阈测试。

三、纯音骨导听阈测试

骨导测试是纯音听阈测试的一个重要组成部分。骨导听阈测试是指用位于受试者乳突或前额部的骨导耳机给信号，使刺激声绕过外耳及中耳直接作用于耳蜗，从而了解耳蜗的听敏度。通过与气导阈值比较，可以帮助确定听力损失的类型和程度。实际上，骨导是一种极为复杂的听觉现象，当骨导耳机放于颅骨上时，引起颅骨振动，使耳蜗感知了信号。

骨导的发生至少有以下三种机制相互作用：①变形性骨导；②听骨链惯性骨导；③外耳道 - 骨鼓膜骨导。这三种机制相互作用的结果，使外耳、中耳及内耳互相结合形成了一个独立的系统，产生骨导听觉。

由于不管骨导耳机放置在颅骨的任何部位都会引起整个颅骨的振动，使双侧耳蜗感受到声音，测试结果为相对好耳的骨导阈值。如需分别获得听力损失程度不同两耳的骨导阈值，还需在非测试耳加掩蔽（详见本章第二节）。

骨导听阈测试的步骤：临床上骨导的测试频率为 250 ～ 4000Hz 之间的倍频程，测试时应先从气导阈值较低的一侧耳开始。

第一步：将骨导耳机置于乳突上部相当于鼓窦区处，注意不要压住头发，耳机尽量接近耳郭而不接触到耳郭。在掩蔽时，非测试耳戴气导耳机，测试耳侧的气导耳机放于额颞部，以免产生堵耳效应。

临床上多采用骨导耳机置于乳突位置，其原因是乳突位置的骨导听力更敏感，测听范围也更大一些，而且在较高频骨导测试时（2000～4000Hz），骨导耳机放置在一侧乳突对两侧耳蜗的刺激会有所不同，即传递到对侧耳蜗的声音会衰减15dB左右。

骨导耳机亦可以放于前额正中，其优点是重复性较好，个体间差异小，可减少中耳因素及惯性骨导的影响，但测出的阈值高于乳突处测试之阈值。且骨导耳机放置前额正中，应采用不同的校准值。

第二步：用"上升法"或"升降法"测定骨导听阈。

第三步：根据掩蔽法加掩蔽噪声测试骨导阈值。

第四步：测试另一耳。

骨导测试时应注意：

1. 振触觉 骨导测试时受试者在骨导耳机与皮肤接触处因感觉到振动而做出的假阳性听觉反应，因此减少骨导耳机与颅骨的接触面积，可减少振触觉的产生。现行标准建议骨导耳机与颅骨的接触面积 $\leq 1.75cm^2$。

2. 经气放射 经气放射（acoustic radiation）是指骨导测试时骨振器在振动颅骨的同时，也会振动其周围的空气，由空气辐射的声音经气导途径传入可掩盖骨导声音的传入，导致骨导阈值的偏差。经气放射现象多出现于2000Hz以上频率范围，因此在测试2000Hz以上频率骨导时可采用堵住外耳道口的方式减少误差。

3. 堵耳效应 堵住或盖住外耳使低频骨导声音显着增强的现象称为堵耳效应（occlusion effect，OE），在做骨导听阈测试时，如不需要掩蔽则不应盖住外耳道（详见本章第二节）。

纯音测听掩蔽技术

　　掩蔽（masking）是一种声音的听阈由于另一种声音的存在而升高的现象。临床听力测试的目的是分别获得受试者两耳的真实听力，以便对其听力损失程度、性质和病变部位作出明确诊断。当测试耳（test ear，TE）听力较差，在测试耳给出的声音强度足够大时，有可能被另一侧听力较好耳（非测试耳，non-test ear，NTE）"偷听"到。由于非测试耳的参与，不能获得测试耳的真实听力，此时应考虑对非测试耳进行掩蔽。

一、交叉听力与耳间衰减

　　交叉听力与耳间衰减是在所有听力检测中都应该考虑到的问题，如小儿行为测听、ABR 测试、ASSR 测试、言语测听等。这两个概念是学习掩蔽的基础，是灵活应用掩蔽、判断掩蔽结果是否可靠的依据。

（一）交叉听力

　　当测试听力较差耳（测试耳）时，需要给较大的信号声，此时可能出现如下情况：虽然信号声已经很大了，测试耳（听力较差耳）仍然没有听到，但非测试耳（听力较好耳）却听到了声音。由于非测试耳听到声音而得到的听力测试结果，称为交叉听力（cross hearing）或"影子听力"（图 3-2-1）。

　　气导（air conduction，AC）听阈测试产生交叉听力的途径有两种：骨导途径和气导途径。

　　（1）骨导途径：当气导耳机给出的声音足够大时，测试耳还没有听到声音，非测试耳耳蜗却由于测试耳气导耳机的声音振动颅骨，而"偷"听到了声音。这是气导耳机通过骨导途径产生的交叉听力。

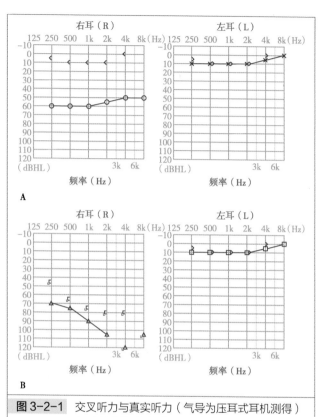

图 3-2-1 交叉听力与真实听力（气导为压耳式耳机测得）
A. 未掩蔽的右耳听阈　B. 掩蔽后右耳听阈

（2）气导途径：测试耳气导耳机给出的声音较大时，还可以绕过头颅，直接进入非测试耳外耳道，通过气导途径，被非测试耳感知到。

进行纯音听阈测试时，非测试耳被气导耳机所覆盖，因此气导交叉听力主要通过骨导途径产生。

（二）耳间衰减

1. 定义　耳间衰减（interaural attenuation, IA）是指声信号从一侧耳通过颅骨传到另一侧耳蜗过程中声音强度衰减所丢失的声能。也就是说，气导耳机振动颅骨需要消耗许多声音能量后，多余的声音能量才会被非测试耳耳蜗听到，这些消耗的能量（衰减的声音）就是耳间衰减。比如，通过压耳式耳机给右耳 95dB HL 的声音，有 45dB HL 的声音传到左侧耳蜗，被左耳听到，在传导过程中丢失了 50dB（95dB-45dB=50dB），则其耳间衰减为 50dB。如图 3-2-1A 所示，250Hz 气导的耳间衰减值为 55dB（60dB 减 5dB），右耳 250Hz 气导为 60dB，因为是左耳耳蜗"偷听"到声音，因此要减去左耳 250Hz 骨导阈值 5dB，而不是减去气导阈值 10dB。

2. 气导和骨导耳间衰减 影响耳间衰减的因素主要有三个，包括个体差异、测试信号频谱、耳机类型。个体差异如头颅的大小、颅骨的厚度和密度等。不同频率的声音，耳间衰减不同。

临床常用的气导耳机有三种类型：压耳式耳机（supra-aural earphones）、耳罩式耳机（circum-aural earphones）和插入式耳机（insert earphones），耳机与颅骨的接触面积越小，耳间衰减越大，所以插入式耳机的耳间衰减最大。三种耳机耳间衰减大小排列顺序为：$IA_{插入式} > IA_{压耳式} > IA_{耳罩式}$。耳间衰减值越大，出现交叉听力的可能性越小。插入式耳机最不容易出现交叉听力。

压耳式耳机在各个频率的最小耳间衰减（min IA），推荐为 40dB。这是一个非常保守的数据，可以确保不会漏掉需要掩蔽的受试者，但实际上，相当一部分受试者的耳间衰减大于该值（见图 3-2-1A），各频率耳间衰减均大于 40dB。因个体差异不同，压耳式耳机耳间衰减的范围大约在 40～70dB，临床测试中，推荐使用最小耳间衰减。

除了标配的压耳式耳机外，现在已有越来越多的听力设备使用插入式耳机。由于插入式耳机的耳间衰减测量数值差异较大，英国听力学会（British Society of Audiology, BSA）2017年版指南推荐，插入式耳机的最小耳间衰减为 55dB（泡沫耳塞深放入外耳道）。Katz 编写的 *Handbook of Clinical Audiology* (7th edition) 推荐插入式耳机的最小耳间衰减为：当纯音频率 ≤ 1000Hz 时为 75dB，大于 1000Hz 时为 50dB（泡沫耳塞深放入外耳道)。目前国内大多使用 BSA 指南推荐的数值。

骨导的耳间衰减远远小于气导耳间衰减。测试骨导听阈时，骨导耳机放在一侧耳乳突，给出声音信号后，骨导耳机的振动引起整个颅骨振动，双侧耳蜗同时受到刺激，使相对较好耳听到声音做出反应。从骨导传导过程可以看出：①骨导耳间衰减很小，从一侧乳突传到对侧耳蜗，几乎没有声能的损失；②所测得的骨导听阈，不能判断是哪侧耳听到的。

骨导耳机放于乳突时，在 250Hz 时，耳间衰减为 0dB，随着频率的增加，耳间衰减增加到 4000Hz 时，耳间衰减大约为 15dB。因此推荐各频率骨导的最小耳间衰减为 0dB。

二、掩蔽指征

只要测试耳的信号，有可能被非测试耳听到，就需要在非测试耳加掩蔽。

(一) 气导掩蔽指征

判断气导是否需要掩蔽，要考虑三个因素：①耳间衰减 (IA)；②测试耳未掩蔽的气导阈值 (AC_{TE})；③非测试耳的骨导阈值 (BC_{NTE})。当测试耳气导与非测试耳骨导之差≥耳间衰减时，需要在非测试耳加掩蔽。公式如下：

$$AC_{TE} - BC_{NTE} \geqslant IA$$

如果使用压耳式耳机测试，则 $AC_{TE} - BC_{NTE} \geqslant 40dB$ 时，需要对非测试耳进行掩蔽。

如果使用插入式耳机测试，则 $AC_{TE} - BC_{NTE} \geqslant 55dB$ 时，需要对非测试耳进行掩蔽。

按照临床测试习惯，往往先测试双耳气导纯音听阈，再更换骨导耳机测试骨导纯音听阈，如果在气导听阈测试完成后，发现双耳气导听阈之差已经达到掩蔽指征，可先行气导掩蔽，即：$AC_{TE} - AC_{NTE} \geqslant IA$ 时，在非测试耳加掩蔽。获得测试耳真实气导听阈后，再完成骨导听阈测试。

但要记住，气导听阈测试是否需要掩蔽的最终标准，是测试耳未掩蔽的气导阈值与非测试耳骨导听阈间的差值。有时，测试双耳气导听阈时，似乎并不需要在非测试耳加掩蔽（双耳气导听阈之差没有达到耳间衰减），但完成骨导听阈测试后，发现测试耳气导听阈与非测试耳骨导听阈之差达到了耳间衰减（图 3-2-2），此现象的原因多见于非测试耳存在气-骨导差，因此需要对较差耳进行掩蔽后再进行气导听阈测试。

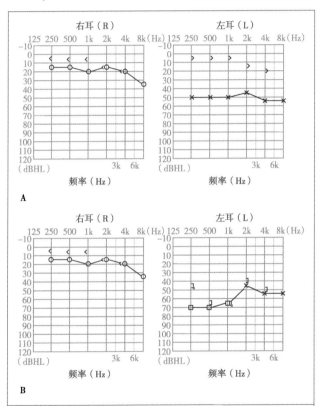

图 3-2-2 气导听阈需要掩蔽的指征（压耳式耳机测试）
A. 测试双耳骨导听阈之前，双耳气导听阈之差 ≤ IA；测试骨导听阈之后，左耳气导听阈与右耳骨导听阈之差在 250 ～ 1000Hz 频率时 > IA
B. 掩蔽后测得的左耳真实听阈

(二) 骨导掩蔽指征

因为骨导耳间衰减可能为0dB,理论上只要测试骨导就应该掩蔽,但临床测试骨导的目的是为了鉴别听力损失性质,所以只有在测试耳出现气－骨导差,怀疑测试耳骨导为非测试耳"偷听"时,才对非测试耳进行掩蔽。

根据美国社会卫生学会 (American Social Health Association, ASHA) (2005) 推荐的指南, 测试耳气导 (AC_{TE}) 与测试耳未掩蔽骨导 (unmasked BC, $BC_{Unmasked}$) 之差≥10dB时, 需要在非测试耳掩蔽, 公式如下:

$$AC_{TE} - BC_{unmasked} \geq 10dB$$

三、掩蔽中常用术语

临床听力师最关注的掩蔽问题是:如何确定最小掩蔽级和最大掩蔽级,从而确保在非测试耳给出的噪声,既不会掩蔽不足,也不会过度掩蔽。

(一) 最小掩蔽级与最大掩蔽级

1. 最小掩蔽级 最小掩蔽级 (minimum masking level) 是指在非测试耳给出的,能够有效防止交叉听力出现的最小掩蔽噪声强度。

2. 最大掩蔽级 最大掩蔽级 (maximum masking level) 是指在确保不发生过度掩蔽情况下, 在非测试耳允许给出的最大掩蔽噪声强度。

计算最大掩蔽级是为了防止发生过度掩蔽,过度掩蔽的本质是在非测试耳加的噪声过大,传到了测试耳的耳蜗,因此,最大掩蔽级与测试耳的骨导、耳间衰减有关。

最大掩蔽级计算方法为测试耳的骨导加耳间衰减,再减5dB。即:

$$最大掩蔽级 = BC_{TE} + IA - 5dB$$

$BC_{TE} + IA$ 是非测试耳的噪声刚好传到测试耳的强度,已经产生了过度掩蔽, 因此需要再减 5dB, 才能保证不会出现过度掩蔽。

从公式可以看出, BC_{TE} 越大, 最大掩蔽级越大, 越不容易出现过度掩蔽。也就是测试耳听力越差 (骨导听阈越差), 越不易出现过度掩蔽 (越不容易 "偷听" 非测试耳传来的噪声)。

(二) 掩蔽不足与过度掩蔽

1. 掩蔽不足 掩蔽不足 (undermasking) 是指在非测试耳给出的掩蔽噪声太小, 不足以起到掩蔽作用, 非测试耳仍能听到测试耳的信号声。

2. 过度掩蔽 过度掩蔽 (overmasking) 是指在非测试耳给出的掩蔽噪声太大, 以至于振动颅骨, 使测试耳耳蜗受到噪声刺激, 干扰了测试耳的测试, 使测试耳的阈值提高 (听力变差)。过度掩蔽公式:

$$EML_{NTE} \geqslant IA + BC_{TE}$$

此公式含义为, 在非测试耳加的有效掩蔽级噪声大于或等于耳间衰减加上测试耳骨导阈值, 就出现了过度掩蔽。

四、掩蔽噪声种类及校准

(一) 掩蔽噪声种类

诊断型听力计通常提供三种掩蔽噪声信号: 窄带噪声 (narrow band noise, NB)、言语噪声 (speech noise) 和白噪声 (white noise)。临床测听中最理想的掩蔽噪声, 应该是在提供有效掩蔽的同时, 拥有最小的总声压级。也就是说, 既能最大限度地掩蔽, 又不至于太响, 使患者感到不适。

依据上述原则, Fletcher (1940) 提出了 "临界频带" 的概念。临界频带 (critical band) 是指以某一频率为中心频率的一段连续的噪声。用宽带噪声 (如白噪声) 掩蔽一个纯音信号时，只有宽带噪声中以该纯音为中心频率的有限的一段频谱有掩蔽效应。在临界频带噪声背景下，一个刚能听到的纯音信号与该临界频带噪声的声能相等。

白噪声具有很宽泛的频谱，并在各个频率上的能量相等，因此白噪声可以对很宽泛频率的声音提供掩蔽。但对于某一频率的纯音信号，其临界频带以外的噪声成分，只会增加总能量和响度，并不能提高掩蔽效应。因此，对纯音信号最有效的掩蔽噪声，应该是比临界频带宽一些的窄带噪声，它提供了最大的掩蔽效应和最小的总能量，并使受试者易于区分掩蔽噪声和纯音信号，避免混淆。所以临床上多选用窄带噪声作为掩蔽噪声。

（二）掩蔽噪声的校准

一个掩蔽噪声在非测试耳能产生多大的掩蔽效应，用有效掩蔽级（effective masking level, EML）来表示，记为 dB EM。美国国家标准学会（American National Standards Institute, ANSI）将有效掩蔽级定义为：以测试纯音为中心频率，使该纯音听阈发生改变（能对 50% 的信号做出反应）的噪声的声压级。

听力计在校准之前，无法判断其给出的噪声能掩蔽多少强度的声信号，也许表盘上显示的 60dB 的噪声，只能掩蔽一个 45dB HL 的 1000Hz 的纯音信号，此时该噪声校正因子（correction factor）为 15dB。听力计校准之后，校正因子为 0dB。如果更换耳机或进行了听力计的维修，则应该重新进行校准。如无特殊说明，本文提到的掩蔽噪声均指有效掩蔽级 EML。

五、临床常用的掩蔽方法

临床应用的掩蔽方法有多种，如平台法、阶梯法等，不论使用哪种方法，总原则为：非测试耳的掩蔽噪声在既不会掩蔽不足，也不会出现过度掩蔽的情况下，找到测试耳的真实听阈。

（一）平台法掩蔽

1960 年，Hood 提出了平台法掩蔽，平台法详细展现了掩蔽后听阈变化的过程。

1. 初始掩蔽级的确定

（1）气导初始掩蔽级的确定：推荐气导初始掩蔽级为：$AC_{NTE}+10dB$。即噪声强度为非测试耳气导听阈加 10dB。初始掩蔽级与最小掩蔽级不能混淆，最小掩蔽级是刚好能够防止交叉听力出现的最小噪声强度，而初始掩蔽级是在测试开始时，在非测试耳给出的噪声，往往还不足以完全去除交叉听力。

（2）骨导初始掩蔽级的确定：推荐骨导初始掩蔽级为：$AC_{NTE}+OE+10dB$。即非测试耳气导加堵耳效应再加 10dB。堵住或盖住外耳使低频骨导声音显著增强的现象，称为堵耳效应（occlusion effect，OE）。堵耳效应通常出现在 2000Hz 以下，不论是耳机、耳塞、耳模或耵聍堵住耳朵，都会产生堵耳效应。堵耳效应使测得的骨导听阈变好，并非因为耳蜗对声音的敏感度提高（真实的骨导听阈没有改变），而是进入耳蜗的声能增多，导致测试结果变好。骨传导机制中的"外耳道－骨鼓膜"学说可以很好地解释这一现象。

在测试测试耳骨导时，需要在非测试耳带气导耳机进行掩蔽，气导耳机覆盖或堵住非测试耳，在非测试耳产生堵耳效应，使非测试耳耳蜗对 2000Hz 以下的骨导阈值降低，特别是用压耳式和耳罩式耳机进行掩蔽时。因此，在确定初始掩蔽级时，应将堵耳效应考虑进去。

使用插入式耳机进行掩蔽时，产生的堵耳效应较小，有学者认为其堵耳效应值可以忽略不计，有学者认为在 250Hz 和 500Hz 的堵耳效应值为 10dB，其他频率为 0dB。而压耳式和耳罩式耳机的堵耳效应值较大，表 3-2-1 为不同学者推荐使用的数值。因此，进行骨导掩蔽时使用插入式耳机更理想。

表 3-2-1　压耳式耳机堵耳效应值

频率（Hz）	250	500	1000	2000	4000
Roeser 和 Clark	20	15	5	0	0
Yacullo	30	20	10	0	0
Katz 和 Lezynski	15	15	10	0	0

本文堵耳效应值采用了 Katz 主编的 *Handbook of Clinical Audiology*（5th edition）中使用的数值（表 3-2-2）。

有传导性听力损失时，堵耳效应值会减小或消失，如果非测试耳气骨差 ≥ 20dB，测试测试耳骨导听阈时，初始掩蔽级中不必增加堵耳效应值。

表 3-2-2　Katz 推荐的堵耳效应值

频率（Hz）	250	500	1000	2000	4000
压耳式	15dB	15dB	10dB	0dB	0dB
插入式	10dB	10dB	0dB	0dB	0dB

2. 平台法掩蔽过程中听阈的变化　平台法掩蔽后测试耳纯音听阈变化如图 3-2-3 所示，图中显示了初始掩蔽级、掩蔽不足、最小掩蔽级、掩蔽平台、最大掩蔽级和过度掩蔽，临床实际工作中，掩蔽平台的宽窄会因测试耳与非测试耳听阈的不同而呈现出不同情况。

从初始掩蔽级到最小掩蔽级，测试耳听阈随着非测试耳掩蔽噪声的升高而升高，噪声与信号呈 1：1 比例增加，这是由于非测试耳掩蔽不足出现了"影子听力"。虽然已经在非测试耳给出了噪声，但因掩蔽不足，非测试耳仍可以"偷听"到来自测试耳的纯音信号，此时测试耳没有听到纯音信号。此为掩蔽不足阶段。

从最小掩蔽级到最大掩蔽级，非测试耳掩蔽噪声不断升高，测试耳纯音听阈不变，出现了掩蔽平台。在平台范围内，纯音信号是由测试耳听到的，因此是测试耳的真实听阈。

超过最大掩蔽级，再次出现测试耳听阈随着非测试耳掩蔽噪声的升高而升高，噪声与信号仍呈 1∶1 比例增加，这是由于掩蔽噪声太大，传到了测试耳，测试耳在噪声影响下，真实听阈发生了改变。此时纯音信号仍被测试耳所听到，但不是测试耳的真实听阈。此为过度掩蔽阶段。

图中平台的起始点为最小掩蔽级，表示掩蔽噪声刚好达到了消除交叉听力的强度，平台的终点为最大掩蔽级，掩蔽噪声超过这一强度，影响了测试耳真实听阈的测试。

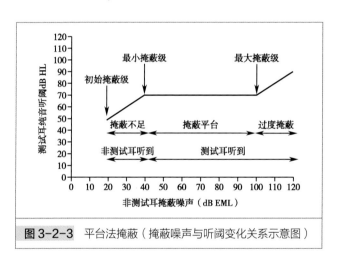

图 3-2-3 平台法掩蔽（掩蔽噪声与听阈变化关系示意图）

3. 平台法掩蔽的步骤 英国听力学会（British Society of Audiology，BSA）2017 年版指南推荐的平台法步骤：

（1）非测试耳给初始掩蔽级，重新测试测试耳听阈。

（2）掩蔽噪声以 10dB 为步距、纯音信号以 5dB 为步距增加。如果对纯音信号做出了反应，则增加 10dB 掩蔽噪声；如果对纯音信号没有做出反应，则 5dB 一挡增加纯音，至做出反应。

（3）当掩蔽噪声连续升高 3 次，纯音听阈没有改变，或听力计达到最大输出，或掩蔽噪声使受试者感到不适，则停止测试。

（4）连续 3 次升高掩蔽噪声，纯音听阈不变，或只有最后一次，纯音听阈升高不大于 5dB，则认为建立了平台，平台建立后测得的听阈为测试耳真实阈值。

如果掩蔽噪声用 5dB 为步距增加，则至少需要增加 3～4 次噪声（连续增加 15～20dB 噪声），而纯音听阈不改变，才能建立掩蔽平台。此法常用于容易出现过度掩蔽或掩蔽噪声过大的情况下使用。

指南中平台法骨导掩蔽与气导掩蔽步骤相同，但当非测试耳没有气 - 骨导差时（气－骨导差≤ 15dB），初始掩蔽应增加堵耳效应值。

GB/T 16296.1—2018《声学 测听方法 第 1 部分：纯音气导和骨导测听法》中推荐的气导掩蔽方法：

为避免非测试耳听到纯音信号，需在非测试耳加掩蔽噪声。在很大程度上检查人员的经验在选择掩蔽噪声级和加掩蔽噪声的步骤上起重要作用，国标中建议用压耳式耳机给掩蔽噪声时按下述步骤加噪声测定听阈级。

第一步：在测试耳未加掩蔽的听阈级上，给测试耳发送一个测试声。同时对非测试耳发送有效掩蔽级等于该耳听阈级的掩蔽噪声。然后加大噪声级直至听不到测试声，或噪声级超过测试声级。

第二步：当所加的噪声级等于测试声级时受试者仍能听到测试声，则这一音级即为听阈级。如果测试声被掩蔽，就加大其音级，直至再听到它为止。

第三步：将噪声级增加 5dB。如果受试者听不到纯音，以 5dB 步幅加大纯音级直至再次听到。重复这一步骤，直至掩蔽噪声从某一噪声级增加 10dB 以上受试者还能听到纯音。也就是说，在大于这一掩蔽噪声级时，不需要再加大纯音级受试者仍能听到纯音，该掩蔽级即为正确的掩蔽级。这一步骤可得出该测试频率的正确听阈级。记下这一正确的掩蔽级。

国标 GB/T 16296.1—2018《声学 测听方法 第1部分：纯音气导和骨导测听法 》中推荐的骨导掩蔽方法：

第一步：在为受试者戴好骨振器后，把掩蔽耳机戴在非测试耳。注意两个换能器的头带应不要互相干扰，在不加掩蔽噪声的条件下测定听阈级（因为非测试耳可能存在堵耳效应，所以这一结果不一定代表未加掩蔽时骨导听阈的真实估计）。

第二步：对非测试耳发送相当于该耳气导听阈的有效掩蔽级的掩蔽噪声。在这一声级重复发送测试声，逐次增加噪声声强，直至不再听到测试声或直到噪声声强超过测试声40dB。

第三步：如果当噪声声强在测试声声强以上40dB时仍能听到测试声，则认为这测试声声强就是听阈级。如果测试声被掩蔽，则增加其声强直至再次听到。

第四步：将噪声声强增加5dB。如果受试者听不到纯音，加大纯音声强直至再次听到。重复这一步骤，直至掩蔽噪声从某一噪声声强增加10dB以上受试者还能听到纯音。也就是说，在大于这一掩蔽噪声级时，不需要再加大纯音声强受试者仍能听到纯音，该掩蔽级即为正确的掩蔽级。这一步骤可得出该测试频率的正确听阈级。记下这一正确的掩蔽级。

（二）阶梯法掩蔽

为了减少掩蔽步骤，节省测试时间，提出了阶梯法掩蔽。

1. 气导掩蔽 气导掩蔽的初始掩蔽级公式：

$$初始掩蔽级 = AC_{NTE} + 30dB$$

即非测试耳气导听阈上加30dB噪声。

非测试耳给初始掩蔽后，重新寻找测试耳听阈。比较掩蔽前和掩蔽后测试耳阈值的差值，如果需要进一步掩蔽，则再加 20dB 噪声（后续掩蔽均为每次再加 20dB 噪声）。如果不需要进一步掩蔽，则为测试耳真实听阈。需要进一步掩蔽的指征，如表 3-2-3、表 3-2-4：

表 3-2-3 初始掩蔽级后是否需要进一步掩蔽的指征

NTE 气导阈上 30dB 噪声，TE 阈值变化	是否需要进一步掩蔽
0～10dB	不需要
15dB	可能不需要
20dB	可能需要
> 25dB	一定需要

表 3-2-4 进一步掩蔽后是否需要再次掩蔽的指征

NTE 气导阈上 20dB 噪声，TE 阈值变化	是否需要进一步掩蔽
0～5dB	不需要
10dB	可能不需要
15dB	可能需要
> 20dB	一定需要

2. 骨导掩蔽 骨导掩蔽的初始掩蔽级：初始掩蔽级因非测试耳是否有气 - 骨导差而不同。当非测试耳有气 - 骨导差时（气 - 骨导差 ≥ 20dB），初始掩蔽级的噪声强度在各个频率均为非测试耳气导阈上 20dB。当非测试耳没有气 - 骨导差时（气 - 骨导差 ≤ 15dB），需要在初始掩蔽级 20dB 的基础上加额外的噪声抵消堵耳效应。堵耳效应的大小个体差异较大，下表给出了参考值（表 3-2-5）。

表 3-2-5 非测试耳听阈无气 - 骨导差时的初始掩蔽级

频率（Hz）	250	500	1000	2000	4000
起始强度	20	20	20	20	20
堵耳效应	15	15	10		
总掩蔽值	35	35	30	20	20

初始掩蔽后重新寻找测试耳听阈，比较掩蔽前和掩蔽后测试耳骨导阈值的差值，如果需要进一步掩蔽，则再加20dB噪声（后续掩蔽均为每次再加20dB噪声）。如果不需要进一步掩蔽，则为测试耳真实听阈。

需要进一步掩蔽的指征（不论初始掩蔽还是后续再次掩蔽、不论是否加堵耳效应值，指征相同），如表3-2-6。如果TE的骨导阈值非常好（如传导性听力损失），应注意过度掩蔽的出现。

表3-2-6　是否需要再次掩蔽的指征

掩蔽后 TE 阈值变化	是否需要再次掩蔽
0～10dB	不需要
≥15dB	需要

六、掩蔽过程中常见问题

（一）掩蔽困局

掩蔽困局（masking dilemma）是指在非测试耳给予最小掩蔽级的噪声就出现过度掩蔽的情况，常发生在双耳均有较大气 - 骨导差的听力图。此种现象是由于掩蔽平台太窄或无平台造成。在如图3-2-4所示听力图，不论在哪侧耳施加掩蔽，由于非测试耳气导听阈较差，需要较大的初始掩蔽级噪声，而测试耳为传导听力损失，骨导听阈较好，都会导致最大掩蔽级变小，非测试耳给予初始掩蔽级时就出现了过度掩蔽，无法施加掩蔽。

使用插入式耳机是目前解决掩蔽困局的一种常用方法。因为使用插入式耳机可以增加耳间衰减，特别是在低频范围。这样在测试气导听阈时通常不再需要掩蔽，而且使用插入式耳机增大了最小掩蔽级和最大掩蔽级之间的差距，使掩蔽平台变宽，可以实现适度掩蔽而减小出现过度掩蔽的可能性。

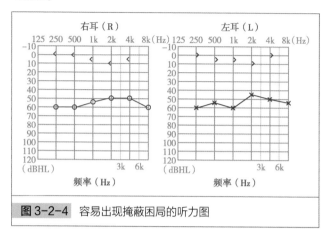

图 3-2-4 容易出现掩蔽困局的听力图

（二）中枢掩蔽

中枢掩蔽（central masking）是指在非测试耳给出的掩蔽噪声不足以发生过度掩蔽，而测试耳听阈却出现微小改变的现象，是中枢神经系统受抑制造成的。通常认为中枢掩蔽会造成大约5dB的听阈改变，有时会造成掩蔽平台判断的困难。

（三）注意合理运用掩蔽

临床测试中，未必所有应该掩蔽的地方都加掩蔽。如图 3-2-5，从未掩蔽的听力图中可以看出，双耳均有气-骨导差，理论上双耳骨导均需要掩蔽，但最终只在测试左耳骨导时，进行了掩蔽。因为在右耳掩蔽后，左耳真实骨导听阈较差，不可能"偷听"到右耳的声音，可以判断右耳骨导为其真实骨导听阈，不需要掩蔽。临床遇到此类情况，也可同时参考其他听力检查结果，如声导抗，进行综合分析判断。

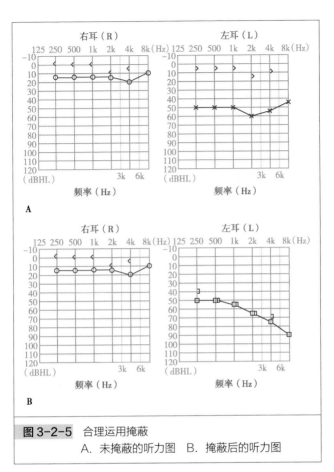

图 3-2-5 合理运用掩蔽

A. 未掩蔽的听力图　B. 掩蔽后的听力图

　　总之，掩蔽的目的是为了分别获得双耳的真实听阈。本节通过解释掩蔽中涉及的基本概念，详细阐述了掩蔽定义、掩蔽原因、掩蔽时机以及掩蔽方法。平台掩蔽法虽然比较费时，但有助于初学者理解掩蔽过程，建议初学者首先熟练掌握平台掩蔽法，积累一定临床经验后再学习使用其他掩蔽方法。

纯音听阈测试结果的记录和分析

纯音听阈测试是对听敏度的、标准化的主观行为测试方法，自1943年Bunch首次发表纯音测听以来，已成为临床上最常用、最基本的听力评估方法。通过分析纯音测听结果，即纯音听阈图可以了解受试者听力是否正常抑或听力损失的程度和类型等基本情况，并作为对听力损失诊断和处理的依据。

第一节 纯音听阈图

纯音听阈图（audiogram），又称听力曲线，是用来记录纯音测听结果的图表。纯音听阈图以频率（Hz）为横坐标、听力级（dB HL）为纵坐标，按照国际通用的纯音听阈图标记符号记录受试耳听阈结果并将其连线成图（图4-1-1）。

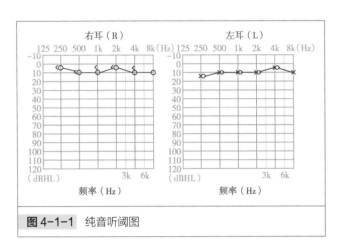

图 4-1-1 纯音听阈图

国际通用纯音听阈图常用标记符号对不同耳别、不同给声方式下测试结果的记录方式作出明确规定，并要求以蓝色标示左耳结果、红色标示右耳结果（表4-1-1）。在纯音听阈图中气导和骨导阈值之间的间距称为气骨导差（air-bone gap），根据纯音气导听阈、骨导听阈以及气骨导差的不同，可对听力损失类型和程度作出判断。

表 4-1-1　国际通用纯音听阈图记录符号

分　类		左　耳	右　耳
气导	未掩蔽	✕	◯
	掩蔽	☐	△
	无反应	✕	◌
骨导	未掩蔽	＞	＜
	掩蔽	⊐	⊏
	无反应	⤓	⤓
		⤵	⤵
声场		S	S

听力损失分级

世界卫生组织（WHO）2006年标准规定，以受试者较好耳的500Hz、1000Hz、2000Hz和4000Hz的气导平均听阈进行分级，可将听阈分为正常、轻度听力损失（mild hearing loss）、中度听力损失（moderate hearing loss）、重度听力损失（severe hearing loss）和极重度听力损失（profound hearing loss）（表4-2-1）。

表4-2-1　WHO听力损失分级（2006年）

分　类		气导平均听阈（dB HL）
正常		≤25
异常	轻度	26～40
	中度	儿童31～60，成人41～60
	重度	61～80
	极重度	≥81

我国在进行第二次全国残疾人抽样调查（2005年）时根据较好耳500Hz、1000Hz、2000Hz和4000Hz的气导听阈损失平均值将听力残疾级别分为四级（表4-2-2）。

表4-2-2　中国听力残疾分级标准

听力残疾分级	平均气导听阈损失（dB HL）
四级	41～60
三级	61～80
二级	81～90
一级	＞90

纯音听阈图分型

根据纯音听阈测试所得气、骨导阈值的关系，可将听力损失分为传导性听力损失（conductive hearing loss）、感音神经性听力损失（sensori-neural hearing loss）及混合性听力损失（mixed hearing loss）。其中传导性听力损失指气导阈值升高，骨导阈值正常，气骨导差＞10dB；感音神经性听力损失指气导、骨导阈值都升高，气骨导差≤10dB；混合性听力损失指气、骨导阈值都升高，气骨导差导＞10dB。

一、正常听阈

各频率气导和骨导听阈值均≤25dB HL，气骨导差值≤10dB（图 4-3-1）。

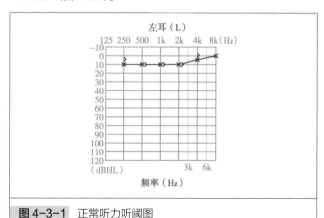

图 4-3-1 正常听力听阈图

二、听力损失

1. 传导性听力损失 各频率骨导听阈正常、气导听阈升高且气骨导差＞10dB，常见传导性听力损失听力图如 4-3-2 所示。

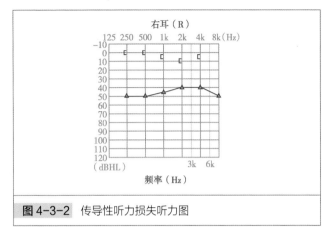

图 4-3-2 传导性听力损失听力图

2. 感音神经性听力损失 各频率气导、骨导听阈均升高且气骨导差≤10dB。根据听力图特征表现可进一步将其细分为平坦型、渐降型、陡降型、上升型、峰型/覆盆型、谷型、切迹型等（表4-3-1）。其中陡降型、平坦型听力曲线较为常见（图4-3-3）。

表 4-3-1 感音神经性听力损失听力曲线分型

类　型	听力图特征
平坦型（flat）	相邻每倍频程之间的阈值相差≤5dB
缓降型（gradually falling）	相邻每倍频程之间的阈值升高在 5～10dB 之间
显降型（sharply falling）	相邻每倍频程之间的阈值升高在 15～20dB 之间
陡降型（precipitously falling）	听力曲线呈平坦或缓慢下降，其后每倍频程的阈值突然升高≥25dB
上升型（rising）	相邻每倍频程之间的阈值降低≥5dB
峰型（peaked）/覆盆型（saucer）	中频区（1000～2000Hz）无听力损失或听力损失较小，两端相邻频率阈值呈现升高，且≥20dB
谷型（trough）	中频区（1000～2000Hz）阈值升高≥20dB，两端相邻频率无听力损失或听力损失较小
切迹型（notched）	某一频率阈值升高≥20dB，其相邻频率迅速恢复正常或接近于正常

注：引自 *Handbook of Clinical Audiology*.7th ed.

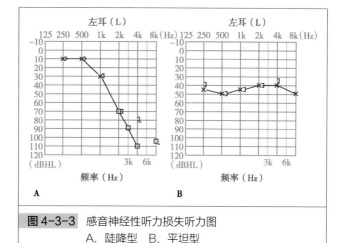

图 4-3-3 感音神经性听力损失听力图
A. 陡降型　B. 平坦型

3. 混合性听力损失　各频率气导和骨导听阈均升高，且气骨导差＞10dB，常见混合性听力损失听力图如 4-3-4 所示。

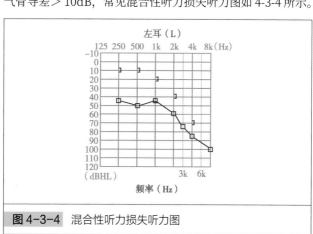

图 4-3-4　混合性听力损失听力图

阈上听功能测试

阈上听功能测试（supra-threshold testing）是指用声压级大于测试耳听阈的刺激声信号进行的一系列测试，通过测试重振、听觉疲劳及病理性适应现象用以鉴别蜗性与蜗后性听力损失。

一、阈上听功能测试基本概念

"阈上"是一个比较广泛的概念，任何高于听阈的测试都可以称为阈上听功能测试，比如不适阈测试、言语测听、声反射测试、耳声发射等。

阈上听功能测试的主要方法有双耳交替响度平衡试验、短增量敏感指数试验、音衰变试验、自动描计听力计等。其中双耳交替响度平衡试验和短增量敏感度指数试验观察响度重振现象、音衰变试验测试观察听觉疲劳及病理适应现象、自动描计听力计（Békésy audiometer）既可观察重振现象，亦可观察听力疲劳及病理适应现象。本章将着重讨论使用纯音听力计进行阈上听功能测试的方法。

二、交替双耳响度平衡试验

交替双耳响度平衡试验法（alternate binaural loudness balance test，ABLB）由 Fowler 于 1939 年首创，适用于单侧耳聋或听阈差大于 20dB 的双侧耳聋患者，是临床常用的响度重振试验法。

（一）基本概念

声音的强度是物理量，可进行客观测量。声音的响度是人耳对声强的主观感觉，与声音的强度和频率均有关，是心理物理量，不能进行客观测量。正常情况下，声音的强度和响度之间按一定的比值关系增减，即声音强度增加人耳感知的响度增加；反之，声音强度减弱人耳感知的响度减弱。

在某些疾病状态下，人耳的响度感出现异常迅速的增长，即人耳主观感受到的响度的增加，高于给出的声音强度的增加，此种现象称为重振现象（recruitment phenomenon），可作为耳蜗病变诊断依据之一。

（二）测试方法

首先通过测试得出两耳的纯音听阈曲线，两耳听阈相差至少 20dB 的频率才能使用本方法进行测试；两耳听阈相差在 30 ~ 40dB 的频率较易得到准确结果。

正式测试时选听力较好耳为参考耳，多用 1000Hz 纯音作为测试声，以 15 ~ 20dB 固定为一挡交替提高双耳的声强，直到双侧耳的响度相等为止；然后逐次再增加 15 ~ 20dB，如法进行双耳响度平衡并记录测试耳每次达到响度平衡时的声音强度。

为了排除听觉适应（adaptation）或疲劳（fatigue）造成的误差，测试的纯音最好采用间断的每秒 2 ~ 3 次的脉冲音，或者每次纯音的时间应为 0.5 ~ 1 秒，不宜过长。如此逐级增加 15 ~ 20dB 重复进行。观察有无重振现象，直到双耳响度达到一致或达该听力计的最大声强级为止。

如果仅为确定是否存在重振现象，也应至少测试两个强度，如参考耳的 65dB SL 和 85dB SL，将参考耳（健耳）声音强度固定不变，改变测试耳（差耳）声音的强度，直到双耳的响度达到一致。

（三）结果记录及分析

1. 结果记录 ABLB 试验结果通常以梯形图记录，即将参考耳与测试耳响度相同的声强级分别记录在选定声强级的两侧，双耳响度一样的声音强度连线（图 5-0-1）。

2. 结果分析 ABLB 测试结果可分为完全重振、无重振、部分重振以及反重振四种，其中：①完全重振是指参考耳与测试耳在同一声音强度（±10dB）上达到响度一致（图 5-0-2 A）；②无重振指双耳在同一感觉级（±10dB）上达到响度一致，即随着强度增加双耳始终维持在相同感觉级达到响度平衡（图 5-0-2 B）；③部分重振是指介于完全重振与无重振之间，即双耳达到响度一致时即不在同一声音强度（图 5-0-2 C）；④反重振指为达到与参考耳相同的响度，需不断增加测试耳的给声强度，双耳响度一致时测试耳的感觉级高于参考耳 15dB 及以上，即测试耳响度感觉的增长要慢于声音刺激的物理强度的增长（图 5-0-2 D）。其中①~③由 Jerger 于 1962 年提出的。

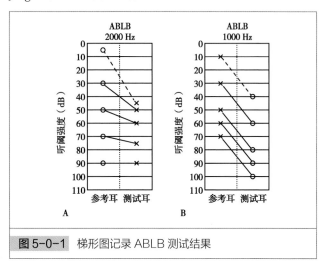

图 5-0-1 梯形图记录 ABLB 测试结果

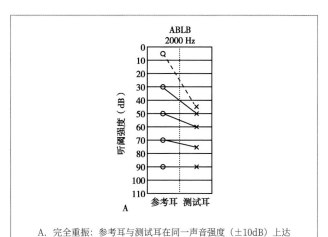

A. 完全重振：参考耳与测试耳在同一声音强度（±10dB）上达到响度一致。图中参考耳听阈为 5dB HL，测试耳听阈为 45dB HL，最终在 90dB HL 达到双耳响度平衡

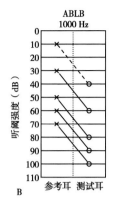

B. 无重振: 随着强度增加, 双耳始终维持在相同感觉级达到响度平衡。图中参考耳听阈为 10dB HL, 测试耳阈为 40dB HL; 参考耳在 20dB SL/30dB HL、测试耳在 20dB SL/60dB HL 时双耳响度平衡; 参考耳在 40dB SL/50dB HL、测试耳在 40dB SL/80dB HL 时双耳响度平衡; 参考耳在 60dB SL/70dB HL、测试耳在 60dB SL/100dB HL 时双耳响度平衡

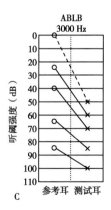

C. 部分重振: 双耳达到响度一致时既不在同一声音强度, 也不在同一感觉级。图中参考耳 85dB HL, 测试耳 100dB HL 时双耳响度一致, 此时强度级相差 15dB, 响度级相差 25dB

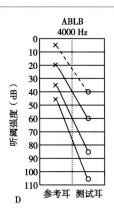

D. 反复振：测试耳响度级增长慢于声音强度级增长。图中参考
耳听阈为 5dB HL，测试耳听阈为 40dB HL，当双耳响度一致
时参考耳的感觉级为 40dB SL（45dB HL），测试耳感觉级为
65dB SL（105dB HL），比参考耳高 25dB

图 5-0-2 ABLB 测试结果分类

一般认为重振现象发生于耳蜗毛细胞和螺旋器的病变，
单纯的螺旋神经节或蜗神经纤维的病变则无重振现象，因
此通过重振实验可进一步判断听力损失的性质、判定病变
是位于耳蜗还是耳蜗以后的蜗神经、蜗神经核或其以上的
听觉中枢部分。值得注意的是重振现象阴性时并不能排除
耳蜗病变的可能，因当耳蜗病变和蜗神经病变共存时，若
耳蜗病变较重时可有重振现象，若蜗神经病变较重时可无
重振现象。因此，重振现象阳性者不能排除合并神经病变、
阴性者不能排除合并耳蜗病变，临床上还应结合其他检查
结果综合判断。

三、短增量敏感指数试验

短增量敏感指数试验（short increment sensitivity
index，SISI）是检测受试者对某一纯音阈上 20dB 处声音强

度细小变化鉴别能力的方法。

（一）基本概念

20世纪40年代末~50年代初，许多研究者发现耳蜗病变患者对纯音的强度辨差（difference limen for intensity, DLI）小于正常人或非耳蜗病变者，因而假设DLI减小是耳蜗病变出现重振的表现。据此Jerger等在1959年提出基于DLI假设的短增量敏感指数试验，利用耳蜗病变者可敏感感知声强微弱变化的特点，在听阈上20dB持续声音中周期性地增加1dB，以测定其辨别能力。该测试方法操作简单、计分容易、对受试者的要求低，可以作为响度平衡实验的补充。

（二）测试方法

传统SISI试验的测试声信号为一个持续的纯音，强度为测试频率阈上20dB（即20dB SL），每间隔5秒，声音强度出现一次增量，嘱受试者每当觉察到响度变化时做出反应。首先以5dB为增量，持续200毫秒，间隔5秒进行练习，待受试者掌握测试方法后开始正式测试；正式测试时增量改为1dB，测试总共出现20次声音强度增加。

（三）结果计算与分析

SISI测试中共出现20次声音强度增量，每一个增量分值为5分，总计为100分。Jerger等（1959）将得分为70%~100%定为阳性或SISI实验高分，是耳蜗病变的特征性表现；0%~20%定为阴性或低分，见于正常人、传导性聋或听神经病变患者。中间得分25%~65%定为可疑。

需要说明的是低频SISI试验整体得分较低，不能将听力正常者及耳蜗病变者从蜗后病变中区分出来，因此建议使用2000Hz以上频率进行SISI试验；同时为了最大限度地将听力正常者及耳蜗病变者从蜗后病变中区分出来，建议使用高测试强度。

四、音衰变试验法

音衰变试验（tone decay test, TDT）是检测受试耳对持续纯音信号听觉能力的下降程度；听阈与测试声信号终止强度之差即为音衰值，以 TD 表示。音衰变试验为区别蜗性与蜗后病变的诊断法之一。

（一）基本概念

音衰变（tone decay, TD）是指人耳被一种连续声持续刺激后所引起的听敏度降低的现象，亦称刺激期疲劳。听觉疲劳和听觉适应通称音衰变，其中听觉疲劳是指听觉器官在高强声的持续刺激后所出现的听敏度下降现象；听觉适应是指声刺激的持续过程中产生的短暂而轻微的听力减退，即响度感随声刺激时间的延长而下降的现象。当听觉疲劳和听觉适应现象在程度及速度上均超出正常范围时称为病理性适应，为蜗后病变的征象，其发生的机制未明。

（二）测试方法

音衰变试验操作简单、易于理解，受试者认为仅为辨别刺激声信号是否存在衰减以及何时消失，通常以举手方式表示，即听到声信号举手、声信号消失放下手。常用的测试方法包括 Carhart 试验法、Rosenberg 试验法、Olsen 和 Noffsinger 试验法以及阈上适应试验法。

1. Carhart 试验法　Carhart 等于 1957 年提出此法，每一频率以 0dB SL 作为初始给声强度，并开始计时。如果受试者听满 1 分钟则该频率测试结束，结果为无衰减。如果未听满 1 分钟，将给声强度增加 5dB，重新计时，以此类推直至受试者在某一强度听满 1 分钟或给声强度达听力计最大输出，测试结束时测试声强度与听阈的差值即为音衰值。为节约时间测试可终止于 30dB SL 处。

2. Rosenberg 试验法　在阈值强度给以声信号并启动

计时器，若受试者听不到声信号就以 5dB 为步长增加声强，在 1 分钟时结束测试，测试结束时声强与听阈的差值即为音衰值。此方法与 Carhart 试验法区别在于全部测试时间仅为 1 分钟。

3. Olsen 和 Noffsinger 试验法　测试时每个频率从 20dB SL 开始给声，计时和信号增加方法与 Carhart 试验法相同。直至受试者在某一强度听满 1 分钟或给声强度达听力计最大输出。

4. 阈上适应试验　Jerger 等于 1975 年提出了阈上适应试验（suprathreshold adaptation test，STAT），该测试以较高的给声强度开始（如 100dB HL），每个频率测试 1 分钟，始终能够听到声信号提示耳蜗病变、逐渐不能听到信号提示蜗后病变。

在上述所有方法中，综合考虑衰减量和衰减速率两方面，Carhart 测试法提供的信息最全面，Olsen 和 Noffsinger 试验法次之。此外，耳蜗和蜗后病变不同频率的 TD 有所不同，应至少选择一个低频和一个高频作为测试频率，根据测试结果再选取其他频率进行评估。

（三）结果分析

音衰变试验时衰减量和衰减速度是两个重要因素，根据衰减量 Rosenberg 提出音衰试验的评定标准为：① 0 ～ 5dB 为正常耳；② 10 ～ 25dB 为阳性，提示耳蜗病变；③＞ 30dB 提示蜗后病变。

耳蜗和蜗后病变的衰减速度或衰减时间也有所不同，耳蜗病变者随着声音强度的增加，衰减速度变慢（即衰减时间延长）；蜗后病变者即使增加声音强度，衰减速度也可很快。

此外，分析音衰变试验结果时还应注意：①异常衰减出现的测试频率越多，尤其是低频频率时蜗后病变可能性越大；②增加刺激声强度，音衰时间不增加也为蜗后病变的征象；③音衰变试验仅是听力试验组中的一种诊断蜗后病变的方法，确诊应结合其他检查结果分析判断。

盖莱试验

盖莱试验（Gelle test，GT）是指对鼓膜完整的听力损失患者，用音叉或纯音听力计检查其患耳的镫骨是否活动的测试。

一、测试原理

若受试者镫骨活动正常，随着外耳道内压力的变化，鼓膜和听骨链发生内外位移，镫骨足板被推向或离开前庭窗，从而使受试者感受到声音响度的高低变化；若受试者镫骨活动异常则感受不到声音响度的变化。由此可对受试者镫骨的活动度进行检测。

二、测试方法

基于上述原理，盖莱试验可用音叉测试，也可使用纯音听力计测试，分别介绍如下：

（一）音叉测试法

将鼓气耳镜（或用波氏球）的口置于外耳道内并完全封闭外耳道，用橡皮球向外耳道内交替加、减压力，同时将敲击振动后的音叉（C256 或 C512）的叉柄底部置于鼓窦区（图 6-1-1），并询问受试者是否觉察到声音响度的变化。

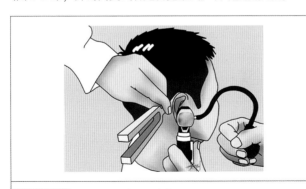

图 6-1-1　盖莱试验（音叉法）

若加减压力的过程中受试者觉察到声音响度变化，则为盖莱试验阳性（+），表明镫骨足板活动正常；若未觉察到声音响度变化，则为盖莱试验阴性（-），表明可能存在镫骨足板固定。盖莱试验阴性常见于耳硬化症或听骨链固定的患者。

（二）纯音听力计测试法

将纯音听力计的骨导耳机放置于受试者乳突部，以1000Hz的频率（或受试者可以听到的频率），以骨导听阈上20～30dB作为给声强度持续给声；同时将鼓气耳镜（或用波氏球）的口置于外耳道内并完全封闭外耳道，用橡皮球向外耳道内交替加、减压力，并询问受试者是否觉察到声响度的变化。

结果判断同音叉测试法，即若加减压力的过程中受试者觉察到声音响度变化，则为盖莱试验阳性（+）；若未觉察到声音响度变化，则为盖莱试验阴性（-）。

三、影响因素

盖莱试验操作手法比较简单，但几个细节处理不当，也会出现假阳性或者假阴性结果。

1. 对受试者的解释　盖莱试验要求受试者分辨是否听到声音出现波动性变化，相当一部分受试者对什么是波动性变化不理解，造成假阴性结果。可在外耳道加压前，让受试者对听到的声音加以分辨，嘱其现在听到的声音是"持续而平坦的"，加压后分辨此声音是否有波动性变化，可以大大提高测试成功几率。

2. 优先测试耳的选择　先测试正常耳，因正常耳盖莱试验为阳性，可使受试者迅速理解测试，为患耳获得可靠结果打下基础。如果双耳均未非正常耳，可先测试相对好耳。

3. 骨导给声强度的确定　骨导给声强度应高于受试耳的真实骨导听阈，特别是测试相对差耳时，若骨导声强太小不能被受试耳感知，而被对测耳蜗听到，会导致受试耳出现假阴性结果。

4. 注意密闭外耳道　波氏球应尽量密闭外耳道口，如果漏气严重，外耳道压力变化微弱，不能引起鼓膜、听骨链、镫骨底板活动，可能导致假阴性结果。

纯音测听操作流程及注意事项

纯音听阈测试是对听敏度准确定量的主观行为测试方法，临床测试过程中会受到测试环境、测试设备、检查者专业技能、受试者配合等因素的影响。因此，要求检查者应熟练掌握测试步骤，把握每一个环节，并能引导受试者正确配合，确保测试结果准确可靠。

听阈的测试程序

一、测试前准备

（一）设备准备

1. 开机预热 5 分钟（或按说明书规定的时间预热）。

2. **检查听力计配件与听力计的连接** 确保连接正确，导线完整无破损、不互相缠绕。

3. **检查换能器** 气导耳机头带稳定不松动，骨振器（也称为骨导耳机）头环力正常，气导耳机和骨振器的螺丝旋紧不松动。

4. **进行生物学校准** 测试者自己分别佩戴好气导耳机、骨振器，检查声音输出是否正常。

5. 检查应答器、对讲系统工作正常。

（二）受试者准备

1. **询问病史** 测试前应向受试者询问与耳部疾病相关的现病史和既往史。

2. **耳部检查** 测试前的耳部检查包括耳镜检查和耳道塌陷检查。

（1）耳镜检查外耳道是否通畅，鼓膜是否完整。

（2）检查是否有耳道塌陷，用手掌或手指压住耳廓，观察外耳道口是否封闭（图 7-1-1）。用压耳式或耳罩式耳机测试时，由于外耳道口封闭，会出现假性骨气导差，导致误诊。可改用插入式耳机测试，避免耳道塌陷。

3. **受试者位置** 纯音听阈测试时，测试者与受试者既可在同室测试，也可在分室测试。不论同室还是分室，要保证测试者能清楚观察到受试者的面部表情，同时还要防止测试者的操作对受试者造成视觉暗示。

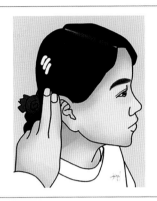

图 7-1-1 耳道塌陷检查法

4. 讲解测试要求 测试前用通俗易懂的语言向受试者解释测试要求，对于听力较差交流不方便的受试者，可以用文字方式解释测试要求。对于按应答器按钮有困难的受试者，也可采用听声举手方式反应。

可参考如下内容为受试者解释："我将为您戴上耳机测试听力；当您听到耳机中发出声音时，请按（应答器）按钮，听到马上就按，没有声音不能按；声音很微弱，请您仔细听，听到一点点声音都要按按钮。"

二、测试参数

（一）气导听阈测试纯音听力计设置

进行气导听阈测试时，在听力计面板上选择头戴耳机（phone）、纯音（tone）、左 / 右（L/R）。如果是双通道听力计，另一侧通道应保持关闭状态（图 7-1-2）。

（二）骨导听阈测试纯音听力计设置

进行骨导听阈测试时，在听力计面板上选择骨导耳机（bone）、纯音（tone）、左 / 右（L/R）。如果是双通道听力计，另一侧通道应保持关闭状态（图 7-1-3）。

图 7-1-2 气导听阈测试纯音听力计面板设置

图 7-1-3 骨导听阈测试纯音听力计面板设置

三、数据采集

(一)佩戴耳机

1. 佩戴气导耳机 气导耳机有压耳式耳机、耳罩式耳机和插入式耳机三种类型,佩戴方法分述如下:

(1)请受试者摘下头饰、耳饰、眼镜、助听器等影响佩戴耳机的配饰。

(2)压耳式耳机或耳罩式耳机戴法:面对受试者,从正面戴耳机,红色标志耳机戴右耳,蓝色标志耳机戴左耳,耳机膜片对准外耳道口,戴上后调整头带位置使受试者无不适感,收紧头带,避免头发夹在耳机和耳廓之间。压耳式耳机戴好后需检查耳机前上缘是否有缝隙,如果有缝隙应反复调整耳机,至缝隙消失。

(3)插入式耳机戴法:将耳机换能器上的小夹子夹在受试者衣领或其他合适位置,红色耳机为右耳,蓝色耳机为左耳,选择大小合适的耳塞,捏扁后放入外耳道,确保耳塞完全进入外耳道内(至少保证泡沫耳塞外缘与耳道口平齐),并充满外耳道。

(4)观察受试者是否舒适,并嘱受试者不要移动耳机。

2. 佩戴骨导耳机 骨导振子戴在哪侧乳突均可。但按照临床习惯,通常戴在测试耳乳突。佩戴方法如下:拨开头发避开耳廓,将骨导耳机平圆顶接触面置于乳突相对平坦处,另一端放在对侧面部太阳穴附近,金属头环经过头顶。如果佩戴后骨导耳机不稳定,也可尝试其他方式佩戴。

(二)正式测试

1. 确定初始给声频率和强度

(1)气导初始给声频率和强度:①先测试听力较好耳;②预估听力正常者,起始可在 1kHz 频率处给 40dB HL 强度的声音;③正常交流稍有困难者,起始给声强度可为 60dB

HL；④如果受试者未做出反应，可以 10dB 步距增加声音强度至出现反应，但一般不超过 80dB HL，此时应通过观察窗密切观察受试者，分析受试者是否因为不理解测试要求而没有做出反应；⑤超过 80dB HL 后，以 5dB 步距增加声音强度，至出现反应。

如果受试者能够正确反应，则进入阈值测试步骤。如果受试者不能正确反应，应重新讲解测试要求。

（2）骨导初始给声频率和强度：起始可在 1kHz 频率处，给声强度可为该频率气导阈上 10dB HL。

2. 刺激声给声时间　刺激声每次给声时间为 1～2 秒，不能太短，给声间隔 1～3 秒，避免规律给声。

3. 阈值测定　使用"上升法"分别寻找气、骨导阈值。

4. 频率测试顺序

（1）气导测试顺序为 1、2、4、8kHz，复测 1kHz 听阈，如果复测结果与第一次测试阈值相差 ≤5dB HL，继续测试 0.5、0.25kHz 听阈；如果两次结果相差 ＞5dB，应对受试者再次解释测试要求，并重新测试 1～8kHz 听阈。按上述顺序测试另一耳，如果受试者反应可靠，测试另一耳时不必复测 1kHz 听阈。

（2）骨导测试顺序为 1、2、4、0.5、0.25kHz，不必复测 1kHz 骨导听阈。

纯音气导骨导听阈测试过程详见流程图（图 7-1-4）。

（三）结果记录

测试完成后，将测试结果用正确的符号标记在听力图上（图 7-1-5）。

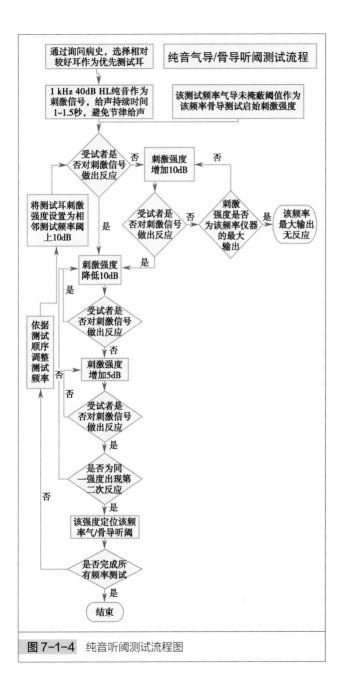

图 7-1-4 纯音听阈测试流程图

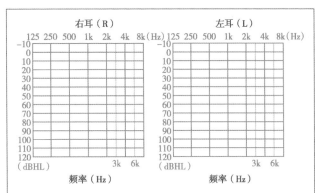

A. 纯音听阈测试记录表

图例（Legend Keys）

分类		右耳（R）	左耳（L）
气导	未掩蔽	○	×
	掩蔽	△	□
	无反应	↻	⤬
		⟁	⊡
骨导	未掩蔽	＜	＞
	掩蔽	⊏	⊐
	无反应	⤓	⤓
		↳	↲
助听听阈		H	V
不舒适阈		U	U
最舒适阈		C	C
声场		B	

B. 纯音听阈测试中常用符号

图7-1-5 纯音听阈测试记录表

四、测试结果分析

（一）测试结果记录

完整填写纯音听阈测试报告单，包括受试者姓名、性别、年龄、设备型号、测试日期、检查者签字，测试结果可靠度等可在备注中注明（图7-1-6）。

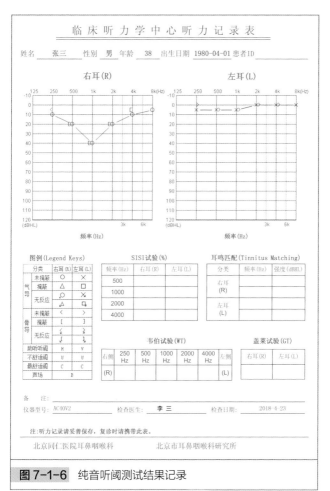

临床听力学中心听力记录表

姓名 张三 性别 男 年龄 38 出生日期 1980-04-01 患者ID

右耳(R)　　　　　左耳(L)

频率(Hz)　　　　　频率(Hz)

图例(Legend Keys)		
分类	右耳(R)	左耳(L)
气导	未掩蔽 ○	×
	掩蔽 △	☐
	无反应 ⚲	⚲
骨导	未掩蔽 <	>
	掩蔽 [	]
	无反应 ⎰	⎱
助听阈	K	V
不舒适阈	U	U
最舒适阈	C	C
声场	B	

SISI试验(%)

频率(Hz)	右耳(R)	左耳(L)
500		
1000		
2000		
4000		

耳鸣匹配(Tinnitus Matching)

分类	频率(Hz)	强度(dBHL)
右耳(R)		
左耳(L)		

韦伯试验(WT)

右侧	250 Hz	500 Hz	1000 Hz	2000 Hz	4000 Hz	左侧
(R)						(L)

盖莱试验(GT)

右耳(R)	左耳(L)

备　注：

仪器型号：AC40V2　　检查医生：李三　　检查日期：2018-4-23

注：听力记录请妥善保存，复诊时请携带此表。

北京同仁医院耳鼻咽喉科　　　北京市耳鼻咽喉科研究所

图 7-1-6 纯音听阈测试结果记录

（二）判断听力损失程度

世界卫生组织（WHO）（1997）根据 0.5kHz、1kHz、2kHz 及 4kHz 气导平均阈值，将听力损失分为以下几级：轻度听力损失（mild hearing loss）：26～40dB HL；中度听力损失（moderate hearing loss）：41～60dB HL；重度听力损失（severe hearing loss）：61～80dB HL；极重度听力损失（profound hearing loss）：≥81dB HL（图 7-1-7）。

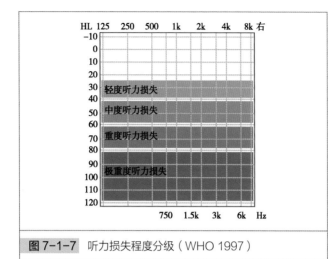

图 7-1-7　听力损失程度分级（WHO 1997）

（三）判断听力损失性质

根据骨导听阈和气导听阈的关系，将听力损失分为传导性听力损失（conductive hearing loss）、感音神经性听力损失（sensori-neural hearing loss）及混合性听力损失（mixed hearing loss）。传导性听力损失是指，气导听阈升高，骨导阈值正常，骨气导差＞10dB；感音神经性听力损失是指，气导、骨导阈值都升高，骨气导差≤10dB；混合性听力损失是指，气、骨导阈值都升高，骨气导差＞10dB（图 7-1-8）。

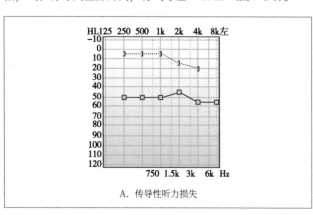

A. 传导性听力损失

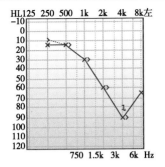

B. 感音神经性听力损失

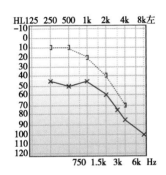

C. 混合性听力损失

图 7-1-8　不同性质听力损失的纯音听阈图示例

掩蔽的测试程序

一、掩蔽指征

1. 气导的掩蔽指征

使用压耳式耳机测试时，在某一频率，当测试耳气导（AC）听阈与非测试耳骨导（BC）听阈之差 ≥ 40dB 时，需要在非测试耳加噪声掩蔽。使用插入式耳机时，当测试耳气导（AC）听阈与非测试耳骨导（BC）听阈之差 ≥ 55dB 时，需要在非测试耳加噪声掩蔽。

2. 骨导的掩蔽指征

在某一频率，测试耳气导与测试耳骨导听阈之差 ≥ 10dB 时，需要在非测试耳加噪声掩蔽。

二、测试前准备

(一) 讲解测试要求

测试前用通俗易懂的语言向受试者解释测试要求。可参考如下内容为受试者解释："现在要在您的左（或右）耳加一个持续的干扰噪声，不要管它（不要对它做出反应……），继续听刚才的信号声，不管哪个耳朵听到，都要按应答器按钮"。

(二) 佩戴耳机

气导掩蔽时，只佩戴气导耳机即可。骨导掩蔽时，在测试耳戴骨振器，非测试耳戴气导耳机，测试耳一侧的气导耳机不戴在测试耳上。

三、平台法掩蔽

（一）气导掩蔽

1. 初始掩蔽级为非测试耳气导阈上10dB。

2. 选择需要掩蔽的频率，在非测试耳气导听阈上加10dB窄带噪声，重新测试测试耳听阈。

3. 掩蔽噪声以10dB为步距、纯音信号以5dB为步距增加。如果对纯音信号做出了反应，则增加10dB掩蔽噪声；如果对纯音信号没有做出反应，则5dB一挡增加纯音，至做出反应。

4. 当掩蔽噪声连续升高三次，纯音听阈没有改变，或听力计达到最大输出，或掩蔽噪声使受试者感到不适，则停止。

5. 直到三次加大噪声，测试耳纯音听阈都不改变，或只有第三次加大噪声时，阈值升高5dB，即为测试耳真实听阈。

（二）骨导掩蔽

1. 初始掩蔽级的确定

$$初始掩蔽级 = AC_{NTE} + OE + 10dB$$

AC_{NTE} 为非测试耳气导听阈，OE为堵耳效应。当非测试耳没有气-骨导差时，初始掩蔽应增加OE值。

2. 非测试耳气-骨导差 ≥ 20dB 时，初始掩蔽级中不必增加OE值。

3. 骨导掩蔽测试阈值的步骤与气导掩蔽测试阈值相同。

纯音听阈测试的影响因素及处置

影响听阈结果的因素可分为外在因素和内在因素。外在因素包括测试环境是否符合标准、听力设备工作是否正常、测试过程是否规范等；内在因素多与受试者本身有关，如受试者的年龄、智力水平、测试配合程度、测试动机等。测试人员在整个测试过程中，应能及时发现并处理影响因素，引导受试者顺利完成测试。

一、假阳性反应

假阳性（false positive）反应是指没有给声音，受试者却做出反应。多见于某些受试者过于注重测试结果或存在耳鸣的受试者。可尝试以下几种方法去解决：

（1）向受试者反复解释测试要求，并鼓励其耐心等待刺激声出现。

（2）当受试者反应正确时，给予确认，帮助其建立自信心。

（3）改变反应方式，如让受试者听到声音后就按钮或举手，并保持这个动作，直到声音停止后才能松开按钮或放下手。

（4）改变刺激声，如将纯音改为用啭音或脉冲音测试。

（5）如果在某一频率假阳性反应较多，无法获得可靠阈值，可先完成其他频率的阈值测试，之后再重新测试该频率。

二、假阴性反应

假阴性（false negative）反应是指受试者听到刺激声

没有做出反应。多见于受试者没有明白测试要求或忘记反应，伪聋者也会出现假阴性反应。出现假阴性反应时，应向受试者再次解释测试要求，并重新测试阈值。判断是否出现假阴性反应，对初学的测试者来说有一定困难，应特别小心，可参考如下方法进行判别：

（1）正式测试前应了解受试者听阈水平，如果测试的听阈结果明显升高，应考虑出现假阴性反应。

（2）复测 1000Hz 听阈，复测结果如果高于初次测试的听阈，应考虑假阴性反应的可能。

（3）借助其他听力检查结果的信息。测试人员应熟悉不同听力检查结果的含义及相关性，以帮助完成复杂纯音测听受试者的测试。

1. Jack Katz. 临床听力学. 第5版. 韩德民, 主译. 北京: 人民卫生出版社, 2006

2. 韩德民, 许时昂. 听力学基础与临床. 北京: 科学技术文献出版社, 2004

3. 黄选兆, 汪吉宝, 孔维佳. 实用耳鼻咽喉头颈外科学. 第2版. 北京: 人民卫生出版社, 2008

4. 姜泗长, 顾瑞. 临床听力学. 北京: 北京医科大学中国协和医科大学联合出版社, 1999

5. 田勇泉. 耳鼻咽喉头颈外科学. 第8版. 北京: 人民卫生出版社, 2014

6. 韩东一, 翟维举. 临床听力学. 第2版. 北京: 中国协和医科大学出版社, 2008

7. Jack Katz. Handbook of clincal audiology. 7th. ed. Philadelphia: Lippincott Williams & Wilkins, 2014

8. Recommended procedure: Pure-tone air-conduction and bone-conduction threshold audiometry with and without masking. BSA. 2011

后记

《实用纯音测听检查技术手册》虽然是一本很基础的临床用书，但要出版一本高质量并能服务于临床工作的案头教程，要具有实用性、可读性和可操作性的书，其编写过程并不简单。

为使本书成为多学科临床工作者日常使用的案头书，能够起到规范临床纯音测听工作的随手宝典，编写者查阅了大量的资料，从 WHO 官方信息、国家标准、国内外专著和中外文文献。力求从读者的角度切入，完整地展示本书编写之初所定位的原则，力争做到不同于教科书也不同于专著。因此，要求本书是一部不仅融合了理论和技术，还要结合临床工作实际需求进行编写的临床速查手册。

本书从动意到成稿，一本 5 万字和 36 幅插图的精巧小册子，历经了一年的时间，进行了十余次较大的编写修改。奉献给读者的小册子里不仅凝聚着出版人的智慧、编写者的责任与情怀，还有众多参与者的无私奉献，他们饱含着对这份工作的热爱和执着。还记得其中一次由出版社五官科编辑部主任、编辑与编写者共同对本书内容进行的一次长时程的雕琢修改，我们从概念到图注符号进行了逐字逐句逐项的推敲；还记得编写者为了一幅插图从照片到素描再到精致的插画在用心的描绘；还记得前前后后、大大小小的编写工作会议召开了 15 次之多……这样的事情不胜枚举。

这本书的编写汇集了大家的智慧。非常感谢出版社的专业指导，感谢各位编写专家的辛勤付出、感谢两位同学的热情帮助。终于在 2018 年春天将一本用心编写的精致小书奉献给读者。

回首看来，本书可能还存在一些瑕疵和有待进一步完善的地方，在此诚恳地邀请读者提出进一步的修改建议，使本书成为真正有价值的案头书和工具宝典。

刘博

2018 年 春　于北京